一定要學會的

機縫拼布基本功

超圖解教學，完美拼接零失誤

將堅持、創新、熱血，注入拼布世界，
以美式多彩、自由大膽、展現無比魅力！

　　在我個人投入縫紉拼布事業的歷程中，真的由衷感謝許許多多為台灣拼布市場投入經營心血的優秀老師們，而其中讓我最敬佩的應該是台灣拼布網了！於2004年成立；2005年發起「縫綴之心」拼布嘉年華公益活動，將每一件擁有心情故事、典藏記憶的拼布作品，一針一線傳遞真情點亮愛心，用幸福與愛堆砌老人希望之家，這就是拼布與社會關懷緊密結合，昇華為另一種更貼近於人群的藝術！他們不僅僅熱愛著拼布，更有熱血溫暖的表現，令我個人極為讚賞、欽佩！

　　郭芷廷及賴淑君老師，是非常專業且令人尊敬的拼布老師，對於拼布的一股熱忱，就這樣全心投入於拼布世界裡，擁有獨到的拼布見解，堅持以美式風味為主要的創作，藉以刺激並創造出不同於亞洲文化的發展理念，激勵創作人有更多的想像及創造力，大膽多變的創作靈感始終源源不絕、自由自在將色彩玩弄於手中，透過作品多樣的個性與面貌，展現其獨到的運用功力，紮紮實實的拼布內涵及技巧，透過豐富的教學經驗，也培育出國內許許多多的拼布好手，相信這也是她們倆最大的創作支撐力，更難能可貴的是在拼布界中已擁有一席之地的二位老師，仍然是這麼的親切與謙虛。

　　這是一本非常值得推薦的機縫拼布書籍，老師將多年的嚴謹教學心得不藏私地完整收錄其中，教您如何掌握機縫的要領，學會它，必定能使創作隨心所欲，鼓勵各位以紮實的拼布基礎製作技巧，隨著老師創作的理念的節奏，學習不自我設限地放膽去創作，照著老師的作品示範一步驟一步驟的體驗與學習，肯定能習得老師創作時的心境與創意！

　　它將帶領您重新認識更有深度的拼布領域，盡情享受拼布過程的樂趣、自由開朗倘佯在拼布的世界、揮灑著拼布創作的豐富色彩，它真的值得您慢慢地、細細地去品味！

臺灣喜佳股份有限公司

董事長

從手縫到機縫，始終迷戀拼布的美好

在18年的拼布時光中，前10年我只專注在手縫拼布上，從沒勇氣去接觸機縫拼布，這可能跟小時候玩壞媽媽的黑頭車（老式縫紉機），所產生的心理障礙有關，但多年的手縫難免遇到製作及創作的瓶頸，直到遇到精於機縫拼布的賴老師後，我才徹底破斧沉舟，從機縫拼布基礎從頭學起，這才發現拼布的世界原來如此廣大，好多好玩又快速的作法可以補足手縫拼布的不足，也發現機縫拼布技巧多到我常有發現新大陸般的讚嘆，真的是太有趣了，這怎能不教人沉迷呢？！

加入機縫拼布創作後，就常從美國進口拼布書籍來台灣，藉此獲得機縫拼布的新技巧及新養份，但語言及文化的隔閡常讓在台灣的拼布人錯過很多好書，因此我常在網路上寫推文介紹美國拼布書的內容，而在這其間遇到最多人問的疑問就是「初學者該買哪本拼布書來看才比較容易上手？」，這時我就會想，有一天要出一本可以很容易就看得懂，可以邊看清楚的步驟、邊學習的的拼布工具書。而在多年的的教學歷程裡，遇過學生的各種大大小小的問題，最常發生的問題其實很簡單，僅僅就是記不住作法而已。這讓我們更想要寫一本書，一本只要打開就像把老師帶回家上課一樣的書，內容就像我們平常在上課一樣的叨叨絮絮、耳提面命，只要忘了，就隨時可以查閱的拼布工具書！於是從去年9月開始籌劃、製作、拍攝心中期望的那本書，每一件作品及拼接圖都是以打好拼布基本功為出發點來設計，過程中每件作品我們都重複做過2～4次才能讓攝影所拍攝步驟圖，整整是花了10個月的時間。

拼布是門學問，它可以簡單，也可以複雜，更可以實現腦中無盡的想像，它可以讓人慢慢品嚐生活，更是自我完成的一種表現！但在更深入的瞭解拼布、創作拼布之前，一定要學會簡單的基本功夫，一如我們常說對學員說的：「這就跟學功夫前要先學蹲馬

作者序

步一樣，把馬步打穩了，功夫自然就上手！」我更希望能用這本書來打開大家對機縫拼布的興趣，讓更多人因此愛上拼布，迷上拼布！

在此要特別謝謝我們的編輯、攝影師、美編、Model，辛苦你們了！以及我們教室所有同學的包容及夥伴淑娟及文德在後勤全力的支援，這10個月來沒有你們的支持，賴老師跟我完成不了這本書！還有這一路全力支持我的母親，她是我最嚴格的評審，卻是全世界對我最無私的人，沒有她就沒有所有的動力。

拼布帶給我的不僅僅是創作的樂趣，更是很深刻的成長經歷，相信很多人在接觸拼布後都可以有不同層面的感動及體悟，就讓拼布變成是內心成長及穩定的力量吧！讓它變成是生命中最不可或缺的陪伴，我就常慶幸還好還有拼布！未來的拼布路上，相信我們都不會寂寞，請繼續與我們一起加油努力吧！

2012年8月

邀你一起進入動人的拼布世界

我是穿媽媽牌衣服長大的小孩，從有記憶開始，母親常在縫紉機前做衣服，我的圖畫書就是媽媽的服裝雜誌、玩具則是一堆線跟梭子，偶爾也趁母親不注意偷玩縫紉機……或許是在這樣的潛移默化中，連大學也是選擇服裝設計系，回台後又擔任服裝設計師，成為拼布老師，使用縫紉機、拿剪刀、剪布就跟呼吸一樣必要又自然，這輩子看來是跟縫紉機、和布料脫離不了關係了！

教學拼布也已有14年餘了，拼布能帶給我的愉快感受是更甚於服裝製作的，所以五年前又再度回到日本進修，為的是在拼布的創作技巧上有更多的精進，並以更好、更有系統的方法來教學，再從學生的反饋中，思考如何改變才能讓學習者更容易進入拼布世界中。這本書的內容也可以說是我們教學及製作拼布的經驗累積跟分享，希望對大家在拼布的學習有幫助而能少走一些摸索路。

拼布是很奇妙的世界，就像愛莉絲夢遊仙境，在路上時時會有驚喜在等著你！從創作到成品的過程中，所有的成就感及莫名的喜悅，相信各位在進入拼布世界後，也能感同身受。

拼布作品往往都可一窺作者的個性及生活態度，也可以說是代表作者發聲，雖然無聲卻勝有聲！它會跟你心電感應，它可以很沉靜，也可以很狂野。除了學習技藝外，玩樂在拼布中，除了能訓練自己的耐性及抗壓性外，也能幫助腦部運動，活化腦細胞，讓心情更開朗，讓人更自信。更重要的是我們因為拼布，認識了很多珍貴的拼布與「拼命」之友，一起廢寢忘食的朋友們，真心感謝一路上有你們的加入及支持。各位朋友，為自己找一個屬於自己的舞台，盡情的揮灑！用拼布讓人生變成彩色的吧！歡迎加入我們的奇幻拼布之旅！

賴淑君

Contents | 目錄

LESSON 1 工具介紹

常用剪刀有何不同？

防布逃剪刀

刀刃上帶有細細的鋸齒，剪布時才不會咬布，也較不會滑刀；剪大塊布料時會比較省時省力。

左撇子專用裁布大剪刀

專為左撇子設計的剪刀，適合剪裁大塊布料。

小剪刀

適合剪小片布料或者轉彎處的牙口，亦可當作紗剪、線剪。

大鋸齒剪刀

常用於剪牙口或是剪布塊，布邊較不容易產生脫紗的情況。

膠版剪刀

若使用一般剪刀裁剪製作版型或袋底支撐的膠版，容易造成剪刀壞損，也相當費力，建議改用膠版剪刀，輕鬆、省力又好剪。

紗線剪

剪線頭專用剪刀。製作拼布時通常都會帶指套或手套，因此不太好拿一般剪刀，這時選用這種線剪就會相當方便。

度量裁切好幫手有哪些？

裁布輪刀

裁布專用，使用時推出刀片即可，請搭配裁布尺一起使用。

裁布輪刀

裁布專用，使用時推出刀片即可，請搭配裁布尺一起使用；左撇子只需要本款裁刀刀片換邊就可使用，不需另外添購左手專用裁刀。

裁尺

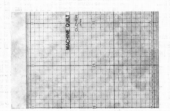

裁尺上的刻度除0.5cm外還有0.7cm的虛線以及30度角、45度角、60度角的記號線；此外裁尺的寬度不可小於10cm，若太窄就只是一般帶有刻度的尺，並非裁尺。

note:

○ 千萬不可以把一般量尺當作裁尺使用，非常危險！

細刻度裁尺

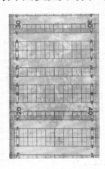

除0.5cm的刻度外，還有0.1cm的細刻度及0.7cm的虛線刻度。

捲尺

建議準備公分刻度捲尺，勿用英吋捲尺。

縫份圈

用於實際尺寸外加縫份時，分別有0.3cm、0.6cm、0.7cm、1cm等，最常使用的是0.7cm和1cm，但都需要搭配版型使用。

拼布專用裁墊

裁墊上除了公分記號外,還有30度、45度和60度的記號線。不同於美工刀的切割墊,兩者的密度不同,若在美工用的裁墊上使用裁布用的輪刀,容易導致輪刀的刀刃變鈍;由於美工刀的刀口較尖請勿將拼布專用裁墊作為美工切割墊用,容易劃破裁墊。且裁墊材質遇熱容易鼓起變型,所以勿將高溫的物品擺放於裁墊上。

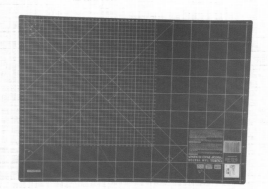

note:

○ 市面上常見的尺寸有45×60cm及60×90cm兩種,若家中的空間足夠,建議選用60×90cm的裁墊。

○ 利用兩把尺裁布會更準確。一把作為對齊,另一把作為再一次的校正,要兩把尺都與裁墊的刻度吻合才是真正對齊,即可下刀裁布。若能準備一把細微刻度(0.1cm)的尺會更好。

固定用小工具適用於哪些狀況呢?

布用口紅膠

多用於暫時固定布料。

珠針

固定布料時使用,珠針的軟硬度有所區分,原則上厚布使用硬一點的針固定效果比較好,薄布就是用軟一點的針,比較不會傷布料。車縫時請不要直接車過珠針,很危險!實務上拼接布料使用時,使用一兩支即可,太多反而容易造成誤差。

強力夾

不同於文具店賣的文具小夾子,強度不一樣,是專夾厚布或已鋪棉的布料專用夾。

布用水溶性雙面膠帶

通常用於一字型口袋的拉鍊車縫，或特殊布料（如防水布）也可先黏合再車縫，但請勿黏在車針車縫的路徑上，易沾黏針而造成跳針。

疏縫用別針

使用時需要透過湯匙輔助。（請參考P34）

疏縫用釘槍

需搭配超細的塑膠釘來使用，目前市面上已可買到3×4.4mm的微排釘，較不傷布料，可使疏縫速度快，不浪費時間，也不費體力。

布用噴膠

噴在布上作為暫時黏合用，通常也是用來暫固定表布、鋪棉、裡布，以取代疏縫的動作，但不建議使用於大作品上。

輔助工具該怎麼用？

記號消失筆

畫記號或壓線圖案用的消失筆，有分遇水則消的水消筆、時間久了自然消失的空消筆、以及遇熱就消失的熱消筆。由於布料的顏色很多，需要多準備一些不同顏色的消失筆（以能看得到所畫線條為準）。

拆線器

挑選尖端細一點的款式會比較好挑線，拆線時不要硬扯，只要將尖端穿入要拆的線圈內往前推，以拆線器底端的切片切斷線即可。

錐子

選擇尖端不要太尖銳的款式，可免將布戳破。通常用於車縫時輔助推送布料，若有需要，有時也可用來將布戳洞用。

滾邊器

滾邊器的尺寸有相當多種，本書只需使用6mm和18mm的滾邊器。6mm的滾邊器用於作品上的花樣，斜布條需裁成寬1.5cm；使用18mm的滾邊器時，布料需裁成寬4cm。

布料專用複寫紙

需將拼布圖案複寫到布料上時，所使用的布料專用複寫紙（千萬別使用文具用的會洗不掉）；使用布料專用的複寫紙，痕跡會漸漸不見。

複寫紙用消失筆

萬一複寫錯誤或修正圖案時，可以用複寫紙用消失筆去除複寫痕跡。

鐵筆

鐵筆是複寫專用筆，能將複寫紙的效果發揮到最佳的狀況；筆的尾端還可以拿來做「頂」的動作，比如說作品有轉角需頂出來時，用筆尾來頂就不會因為太尖而把布戳破。

指套、頂針

多用於手縫時，常見的有保護手指頭用的「皮革頂針」，通常都是戴在中指用來頂針時保護手；另一種是止滑用的「塑膠指套」，大多戴在食指或大姆指，拔針時比較不滑手。由於兩種功能不大相同，常一起使用。

燙衣漿

布料最好先噴上燙衣漿，再進行整燙效果會更佳，且布料也會較平整易控制。

note:
○ 市售的燙衣漿較濃稠可稀釋後再使用。

機縫專用－防滑手套

手套掌內部全都是防滑材質。在機縫壓線時，手部需推動作品才能讓布料移動，尤其是自由曲線壓縫時更是如此。推布推久了就開始會覺得滑手（就跟數鈔票時會推不開一樣）。這時，防滑手套就可派上用場。

note:
○ 由於戴著手套壓線，有時也會需要換車線或換底線、拿個剪刀之類的，常會覺得不是太方便想脫掉，所以可將手套前端剪掉，露出大姆指跟食指，就不用老是將手套穿穿脫脫了。

常用機縫線有何不同？

50番車線

通常是使用在壓線或袋物的組合。

80或90番車線

線的番號越大，代表線越細。90番車線常用於布與布的拼接車縫，以細線車縫才不至於會影響拼接完成的尺寸。

100番純絲線

做貼縫時為了讓線看起來不至於太明顯外露，不可用（不想用）透明線時，也可用90番的線來做機縫的貼縫，若貼縫要隱藏得更好，則要選擇用100番的純絲線為最佳。

金蔥線

多用於壓線，帶有金屬光澤亮度，製作效果用。

刺繡壓線

機縫時的壓線、刺繡、貼布縫、密針繡都可使用，線的材質主要是Rayon，帶有珠光，效果突出。

段染刺繡壓線

機縫時的壓線、刺繡、貼布縫、密針繡都可使用，線的材質主要是Rayon，線的染色是段染，帶有珠光，效果突出。

透明線

黑色適合用於深色布,白色適合用於淺色布。通常用於機縫壓線、貼布縫。

疏縫線

疏縫用,其材質為純棉,線質較鬆,較易扯斷才不會傷布料。

刺繡專用底線

使用機縫用刺繡線時的專用底線,線非常的細,韌度又強,不容易被上線拉出,所以若作品使用很多特殊線材時,底線也會以刺繡專用底線取代,減少壓線後,作品後背布的線材太多,顏色零亂的問題。

這些針有何特性又該怎麼使用呢?

手縫針

在手縫時常使用的貼縫針和壓線針在機縫拼布時已經很少使用了,但還是會使用到平針和疏縫針。平針多用於以手貼縫滾邊條和壁飾後背條的部分,而疏縫針則多用於疏縫。

75／11號車針

針的號碼越大,針就越粗。11號針多用於布與布拼接和貼布縫使用,以較細的針製作,較不會因出現針孔而使布鬆散而尺寸有誤差。

90／14號車針

常用於壓線與作品的組合。

100／16號車針	110／18號車針	雙針

  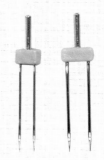

同時要以兩線分別穿入雙針的針孔內，但在走線的過程中，要將兩線一起拉，不要分開來拉線，穿孔時可以分開穿。

用於較厚的布料，如帆布或牛仔布。

用於特厚的布料，如好幾層的帆布或拼接的牛仔布。

縫紉機壓腳的車縫特性有何不同？

以Brother QC-1000所使用的壓腳為主，（大部份Brother機型也都附有相同的壓腳），若或有差異請以縫紉機說明書為準則。壓腳名稱後的英文代號，刻印於壓腳上，也可照英文字找壓腳就不會用錯了。

萬用壓腳 （J）	密針縫壓腳 （N）	暗針縫壓腳 （L）

拼接布料時最常使用的是5mm和7mm兩種尺寸。且本書使用的萬用壓布角皆為7mm。另外，壓按附加的黑色平整扭，可在縫紉過後的布料邊時，讓萬用壓布角固定在與布邊厚度等高的位置方便送布。

用於車縫裝飾性針趾、密針繡和貼布繡等裝飾花樣。壓布腳上的紅色刻度及前緣的開口，可讓車縫時的針趾，看的更清楚，縫紉更精準。全金屬製品，不易損壞。

調整右邊的螺絲可移動導引板，對準落針位置，即可完成暗針縫的車縫。利用此壓腳的擋板隔在布邊，針位稍往左移0.3cm(寬度可自定)，可車出漂亮的臨邊縫線。最常使用於車出布邊0.3cm左右的裝飾線的壓腳，也稱為「裝飾線壓腳」或「臨邊壓腳」。

可調式拉鍊壓腳（I）

主要是用於車縫拉鍊、包繩等。放鬆壓布腳後方的螺絲，即可左右移動並調整拉鍊壓布腳的位置。

拉鍊壓腳（I）

主要用於拉鍊的車縫。換裝此壓布腳時僅能選用直線中針位花樣。

前開式自由曲線壓腳

主要用於車縫拼布的自由壓線與手動繡花，讓使用者在壓線或繡花時，能更清楚看見針趾以掌握布料移動的方向。使用時記得送布齒要下降，才推得動布料。

均勻送布壓腳

均勻送布壓布腳是設計與送布齒同步送布，所以難以控制；能車縫多層組合的布料或材質（如鋪棉或人造皮等）。僅可適用於前進花樣，若使用太複雜的花樣，花樣將容易變型。布料太薄也不可，容易起縐，壓腳也易損壞。

常用的針趾花樣

定點打結用
直線縫

回針用
直線縫

貼布縫

密針鏽(貼布鏽)
鋸齒縫

毛毯邊縫

三線縫

LESSON 2 素材小知識

襯的種類這麼多，什麼時候該用什麼襯呢？

冷凍紙

一面厚薄約同影印紙，很容易直接透光描圖案上去；另一面如同上膠一樣為亮面。將亮面燙黏到布料上，既不會增加布料的厚度，洗過也會消失，可以重覆使用至不具有黏性為止。

使用方法

⊙ **手縫貼縫：** 依作品燙在布料正面或裡面，使用完要記得取出冷凍紙。
⊙ **機縫貼縫：** 依作品燙在布料正面或裡面，使用完要記得取出冷凍紙。
⊙ **夏威夷型版：** 以冷凍紙取代1/8或1/6夏威夷圖所用的紙，展開剪好的冷凍紙，直接燙黏在布表面，在紙型不動的狀態下，沿著紙型邊將圖案畫一遍後，即可將冷凍紙型撕掉，夏威夷圖案也畫到布面了，還比傳統的作法更精準。
⊙ **做壓線版：** 利用可黏的特性，將壓線圖案畫到冷凍紙上，剪開圖案，再將冷凍紙燙到布料表面，以消失筆畫出延伸圖案線，畫好撕開冷凍紙即可。

超薄奇異襯

奇異襯通常用於機縫拼布的貼縫作品，市面上可買到的奇異襯有日本跟美國進口的兩種，日本是屬於超薄款較適用於拼布，美國的稍厚，較適做袋物或增挺度使用。

使用方法

超薄奇異襯使用後仍保有布料的柔軟度。使用時將要貼縫的圖案反向複寫到奇異襯的紙面，在線外將奇異襯剪下後燙到布上，再沿線條剪下布片，並撕下奇異襯的紙，即可燙到要放置的布面上開始以貼布縫(Satin Stitch)、密針繡(Zigzag Stitch)及毛毯邊縫(Blanket Stitch)等針法貼縫。

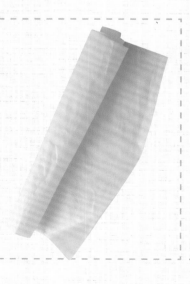

拼布描圖紙專用紙

紙質輕薄透明，容易撕下不扯線。

使用方法

⊙**當描圖紙用(Trace)**：作為描寫貼縫圖案或複寫圖稿。

⊙**機縫刺繡時(Stitch)使用**：機縫繡圖時將圖稿複寫在紙上，直接將紙放在布表面以珠針別好，即可直接沿線車出圖案。

⊙**機縫壓線使用**：把壓線的圖案直接畫在紙上，以珠針別到已有鋪棉並疏縫好的表面，開始沿線壓線（可以不用消失筆在布表面畫線，因而擔心消失筆會消不掉或則太早消失的問題了）這是此款專用紙最主要的功能，且紙很薄，壓好線很容易撕掉，也不會把車線給拉起，一般市售的都是整捲(30×20cm)會比較好用，在壓大邊條需要很長的長度，可以先在紙上將壓線連續圖都畫好再壓線，非常方便！

⊙**快速翻車(Paper Piecing)時使用**：如在製作小木屋、鳳梨、瘋狂拼布等任何可翻車的圖型都可使用。

⊙**當安定紙使用**：尤其是使用刺繡機時，由於布料比較容易起縐，布下方最好要放安定紙才比較好送布。且本款紙質輕薄也可以防止刺繡很密時，容易斷線的問題。

特厚布襯

在布料內燙上厚布襯是為了增加布料厚度及作品挺度，製作無鋪棉的包包時，表布就常需用特厚布襯整燙以增加布料的厚挺度。

使用方法

整燙厚布襯前，先在襯的有膠面噴水再燙（會膠溶解得更好），整燙起來的布才會牢靠，才不會發生使用後發現包包起泡，那是布襯沒燙好的痕跡。

薄布襯

製作拼被或壁飾時，大多以一般印花棉布作為後背布直接壓線即可，但其它作品在壓線時後背布則常使用薄布襯，既不會太厚也可為作品稍加挺度。另外，也常使用在包包內袋用布的整燙上，內袋通常不會選用太厚的布料，所以多半需要整燙上薄布襯，一方便可達到加厚、加挺的效果，另一方面布料也比較不會因用久而破損。

使用方法

整燙時在有膠面噴一些水再整燙效果更佳，但由於薄布襯較薄的關係，容易膠溶解時就黏到燙斗了，所以記得要隔布進行熨燙。

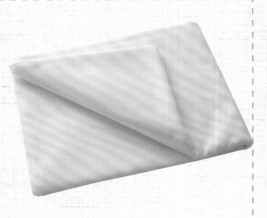

洋裁襯

比薄布襯更輕薄，大多用於製作服裝，但製作包包時，也會作為封住不含縫份的特厚布襯，一方面可防止用久後特厚布襯與包身脫離的狀況，另一方面由於縫份上只有洋裁襯，縫份才不會太厚。

使用方法

整燙時在有膠面噴一些水再整燙效果更佳，但由於薄布襯較薄的關係，容易在膠溶解時就黏到燙斗了，所以記得要隔布進行熨燙。

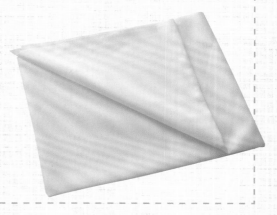

美國厚紙襯

素材為紙纖維，可以水洗，雙面都有膠，使用時需整燙黏貼。

使用方法

常作為立體的物品，如盒子、瓶子等。也可運用在包底部分，可增加袋底的硬度又不失軟度，比用硬膠版更加服貼。

鋪棉的種類和作品有什麼關係呢？

單膠鋪棉

多用於小物或袋物等作品，不適合使用在璧飾或拼被上。

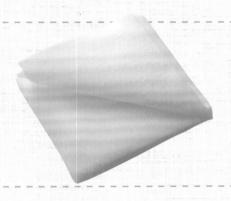

薄鋪棉

適用於機縫拼布中大型作品或小物類作品。

厚鋪棉

多用於需要高蓬度的作品，如手縫拼布壓線就相當適合，且厚度也較剛好。無論手縫或機縫的中大作品、中大型包包，若需要壓線效果更立體都可以使用厚鋪棉。

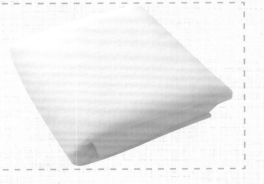

配色法則

布片配色，有哪些重點呢？

配色原則概述

本章中所提及的配色，是以圖型(Pattern)拼接的部分為主，此部份的配色與實用品的配色稍有不同，實用品常會考慮到與衣服穿搭、家居環境的搭配感，以及較易受使用者的喜好及慣性影響，但拼布圖型的拼接製作是一種最基本的拼布學習，除了練習布料的拼接技巧外，也透過圖型來做色彩搭配的訓練。因此建議大家在配色練習的過程中，先把喜好擺一旁，盡量去使用顏色，大膽的去嚐試！

在拼布圖型的配色上，大致可將手邊的布料顏色分成紅、澄、黃、綠、藍、紫及無色彩等七種色相分類。以下布料色相又分別是由顏色的明暗做排序。

暖色系—紅
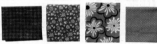

冷色系—藍

暖色系—橙

冷色系—紫

暖色系—黃

無色彩—黑白

冷色系—綠

運用法則1
多樣用色

先將手邊的布料依色系整理分類，最簡單的搭配法則是暖色系＋暖色系同一色相的混搭法。但拼布圖案的配色比較少會是同一色相，即便彩度不同的明暗搭配，還是會有顏色太單一的感覺（這種搭配法相當適用於實用品上的的搭配），並容易造成視覺的突兀感，所以整體運用時多樣是重要的大原則喔！

單一色相VS多色色相

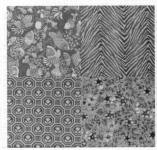

運用法則2
顏色比重

就單一圖型的搭配，顏色比重就顯得相當很重要，使用明暗色彩時要接近等量，才不會容易頭重腳輕或者有缺角掉色及突出感。

搭配四個色相時，若左上角的綠色換成淡綠色，雖然色相一樣但明度彩度卻不同，將目光焦距打散來看，就會覺得有缺一塊的感覺。

將左上角的淺綠底換成彩度重一些的布片，整體就呈現平衡感了。

note:
○ 配色需要自己的反覆練習，再加上多看他人的拼布作品的配色，再集合自己的喜好才能累積出經驗。把握大原則，多練習就對了！

LESSON 3 必學基礎技法

不可不知的拼布專用語有哪些？

中文	日文	英文	解　釋
貼布繡	アップリケ	Appliqu'e（法文）	將布料剪成各種不同的形狀後，再縫在另一塊布上。
後背布	裏布	Backing	指作品裡面最內層的布，有直接用一整塊的布，也有用拼接起來的後背布。
拼被	キルト	Quilt	指表布、鋪棉、後背布三層一起縫合，在美國主要是指床被蓋、壁飾。
壓縫	キルティング	Quilting	表布、鋪棉、後背布重疊再壓線，專指壓線動作。
鋪棉	キルト芯	Batting	上層布與後背布中間所夾著的棉，鋪棉的材質有化纖、純棉、混紡棉、羊毛棉、蠶絲棉等。棉的厚薄依作品所需來選擇。
拼被的表布	キルトトップ	Quilt Top	拼被最上一層，一般指已拼接完成。
直線拼接	ストリップピーシング	Strip Piecing	達到快速拼接的方法之一。裁布時橫向切割，以直線縫合，尤其對於幾何圖案拼接，幫助更大。
串連拼接	チェーンピーシング	Chain Piecing	完成快速拼接方法之一。拼接時一片接一片不斷線，連續車縫像風箏的樣子。
型版	テンプレート	Template	利用膠版或厚紙做成型版，描在所使用的布面上，再裁剪使用。
布紋	布目	Grain	通常布紋有直布紋、橫布紋、斜布紋。本書中所有作品皆以布料的花紋與設計為優先考量，而斜布紋通常都是用來包滾邊。

中 文	日 文	英 文	解 釋
滾邊	パィピング	Piping	大邊條與完成的外圍用滾邊條作為固定收邊，可防止作品外圍變形。
雙層滾邊	バインディング	Binding	拼被或壁飾等作品外圍收邊，如雙層滾邊，即是將布條摺雙運用。
斜布條	バイアス	Bias	原是指布的斜紋方向，一般都取布紋45度斜角。
布塊	ピース	Piece	三角形或四方形等小布塊組合成的區塊。
拼接	ピーシング	Pieceing	區塊組合完成貌。
自由曲線壓縫	フリーモーションキルティング	Free Motion Quilting	使用特殊的壓布腳，在作品上隨意壓縫車出花樣與圖案的技巧，例如羽毛狀的壓縫。進行自由曲線縫時，縫紉機的送布齒得下降。
區塊	ブロッ	Block	拼被上布塊拼接完成的一個單位。
大邊條	ボーダー	Border	接在拼被或壁飾作品的四週的布條，通常以整塊布或拼接或貼布繡表現。
小橋樑或小邊條、或門斗窗框之意	ラティス	Lattice	布與布塊之間拼接的布條，或區塊語區塊之間的細長條布條。
樣品被	サンブラーキルト	Sampler Quit	將所有做好的Pattern再拼接一起後壓線包邊。

如何裁切出精準的布片？

⊙雙尺裁布法

裁布前先噴水整燙，或噴上燙衣漿再整燙（使用過燙衣漿的布料會比較挺，也較不容易脫紗，車縫時會比較好控制）。如果布料較長可摺疊，但最多摺四層就好了，否則可能裁不動也會產生誤差。

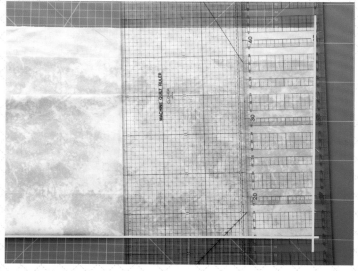

1 在裁墊上分別找一條直線和橫線對齊布料，特別是橫線處不可歪掉（由於直線的布邊不一定是整齊的，所以放在裁墊上時，超出線條的布料都要裁齊），左邊的裁尺對齊要裁布的位置，刻度也要對齊裁墊上的刻度，右邊裁尺再慢慢靠過去，這時右邊裁尺的刻度也能和裁墊上吻合，就表示無誤，若有不吻合之處，就要重新校正。

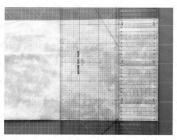

2 若要裁出寬10cm的布條，即可將右邊裁尺放在10cm的位置上，尺的刻度對齊裁墊上的刻度，再以左邊裁尺去校正。

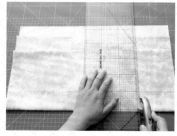

3 刻度都對齊後，就可移開右邊裁尺，裁刀依著左邊開始裁布。

POINT
!!

使用兩把尺裁切布料，才能裁切出最正確的尺寸。

⊙斜布裁法

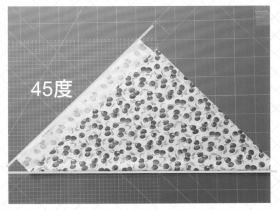

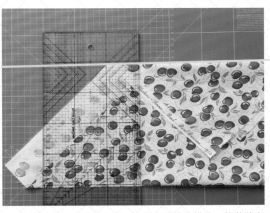

1 將布料對齊裁墊的45度角線後,將另一邊布上摺至45度處,摺邊要對齊橫線。

2 若布料太長可再往下摺,要對齊裁墊的橫線,接著將左裁尺的刻度線對齊裁墊。

4 對齊好刻度線後,左裁尺不要移動,移開右裁尺,就可以進行裁布了。

一旦移動了左裁尺,就要再重新校對一次。

3 右裁尺靠近貼著左尺,右裁尺的刻度線對要對齊裁墊的刻度線。

怎樣疏縫才不會影響作品的完整度？

在拼布的過程中，大多疊有表布、鋪棉、裡布三層後才進行壓線，
在壓線前則必須先暫時固定這三層，即是進行「疏縫」。

⊙ 疏縫槍

底下要墊塑膠洞洞板才打得穿，疏
縫的距離約是5cm一針，5cm一
排，適合用於中大型作品。

⊙ 疏縫別針

左手拿湯匙輔助將別針頂上來，別
針的開口不需要扣住，免得在壓線
的時候要拆不易，比較適合中小型
及混合異素材的作品。

⊙ 單膠棉

使用中溫燙斗輕輕滑過，不可用力
按壓，否則鋪棉會扁掉，就會看不
到壓線的立體效果了。

POINT!! 建議用於小袋或袋物內就好，
若用於中大型作品，摺疊收納
久了會產生摺痕，膠棉會在摺
痕處黏合，產生縐摺而燙不
開。

⊙ 布料專用噴膠

直接噴在鋪棉上，距離30cm繞圈圈
噴，不可直噴局部會造成膠過多的
狀況，適用於小物或袋物。

POINT!! 噴膠的缺點是若噴太多會黏在
車針上。

⊙ 手縫疏縫

左手拿著湯匙做輔助，將針頂上
來，每一條線的起針點都是從中間
開始，有十字狀、放射狀、田字型
等疏縫。

---**TIP**---

1. 由於壓線後鋪棉會內縮，
所以鋪棉要剪得比表布大
1~5cm，依作品大小，越大
就要留越多。

2. 一定要由內往外進行疏縫
（從中間開始），切勿從外
而內。

3. 機縫壓線縮棉的狀況比手縫
嚴重，當棉一縮，線就變
鬆，布也會發縐，因此機縫
的作品，疏縫不需要像手縫
般細密。

4. 以手疏縫時，上針要小針（約
1cm），下針就可以大針一些
（約3cm），這樣可避免壓
線時，壓腳會勾到疏縫線的
情況。

壓線的起針與結束

拼布的基本動作之一,表布、鋪棉、後背布三者一起壓線;而機縫壓線有兩種,一種是使用均勻壓布腳的直線壓線,另一種是使用自由曲線壓腳的曲線壓線。

無論是使用哪一種壓腳進行壓線,都要避免定點打結,而是一起針即把底線引上後才開始壓線。

註:以下以自由曲線壓腳進行解說。

1 引底線。左手拉上線,右手將車針轉到底(或按一次上下鍵讓車針下降)。

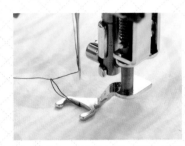

2 左手要一直拉著上線不可放,再將車針往上轉(或按一次上下鍵讓車針上提)

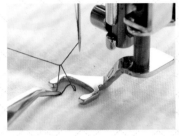

3 以手指或鑷子勾起底線,左手的上線不可放,直到底線全勾起為止。

4 使用自由曲線壓腳時,要下降送布齒才推得動布料。引上底線後,自由曲線壓腳由手推出的針距,起針針距要控制在0.1cm,才不會造成結線球(若使用均勻送布壓腳,送布齒不需下降,針距控制在0.2~0.4cm即可),起針時需要先後退三針,再繼續前進,剪掉線頭恢復正常針距後即可開始壓線。

POINT !!
結束時,一樣將針距縮小到0.2~0.4cm再回針,回針結束後直接切掉車線,但不要移開作品、不可抬起壓腳,左手拉著上線,將針往下至斷線處,再將針轉上來,此時輕拉左手即將之前切斷的上下線通通上拉,以剪刀剪掉即可不留線頭在後背布。

如何才能做出完美的滾邊?

⊙ 全機縫的滾邊──寬4cm的斜布條

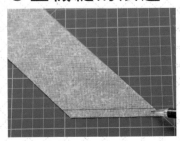

1 在裁好的4cm斜布條上畫一條距布邊0.7cm的線條。

2 接著把兩斜布條接在一起,上面斜布條的記號線要對齊下面斜布條的記號線,以珠針固定再車縫,縫份往兩邊熨開。

3 將車好的4cm斜布條穿入18mm的滾邊器並進行燙整。

4 展開斜布條，斜布條正面與後背布正面相對並對齊布邊（針位0.7cm，針距2.5，不要從斜布條的開頭起針）在距離15cm處開始起針進行車縫。

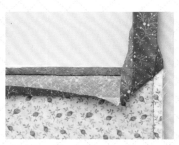

5 車縫至轉角時，只要車到距離布邊0.7cm的點即可（不要車縫到布邊），回針後切線，接著將布條摺成45度角。

6 下摺斜布條，摺邊要對齊後背布的布邊，斜布條的布邊也要對齊後背布的布邊。

7 從布邊開始車縫（而不是由0.7cm的點處開始）。

8 車縫至約剩15cm時（遇到起頭的斜布條就可停止），再將其中一邊的斜布條剪短一點，疊到另一邊的斜布條上，利用上面斜布條的斜邊壓在底下那條斜布條畫出斜線。

9 依步驟8畫出的第一條斜線，再畫出另外兩條距離都是0.7cm的斜線（共三條）。

10 剪裁最外面的斜線。

11 將頭尾兩端的斜布接合在一起，縫份往兩邊燙開。

12 將斜布條放到表布正面（翻至對齊車線位置），以強力夾固定，轉角處要打斜角摺好、夾好。

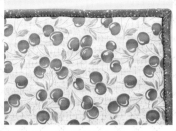

13 以貼布繡的針法車縫一圈。

---TIP---

1. 若是要製作可蓋的拼被，建議使用90~100番的貼縫線會較能藏線；壁飾通常使用透明線。若想要玩顏色，可採用段染線來車縫。

2. 用6cm寬斜布條（雙滾邊）亦可以全機縫處理。

⊙半機縫滾邊作法──寬6cm的斜布條

2 車縫到0.7cm點處回針後切斷（完成線往上0.7cm的點才是止縫點）。

1 斜布條裁成寬6cm後對摺進行熨燙即可（不需使用到滾邊器），並在作品上畫出完成線，線外需留0.7~1cm的布料及鋪棉。將燙摺好的布條正面對表布正面，斜布條對齊完成線即可（不可對齊布邊）；壓布腳右邊對齊斜布條邊處就可開始車縫（非從一開頭處車縫），先空出15mm不車縫，才開始車縫。

3 車縫至轉角處時，將表布摺45度再往下摺，布的摺邊要對齊完成線，斜布條的布邊也要對齊完成線。

4 從布邊開始車縫（不是從0.7cm的點），車到最後約剩15cm，遇到起頭的斜布條就可停止。

5 打開斜布條，將其中一邊的斜布條剪短一點，疊到另一邊的斜布，利用上面條斜布條的斜邊在底下的斜布條上，畫出斜線。

6 依步驟5畫出的第一條斜線，再畫出另外兩條距離都是0.7cm的斜線（共三條）。

7 剪裁最外面的斜線。

8 將頭尾兩端的斜布接合在一起，縫份往兩邊燙開。

9 接好斜布條車縫至完成線上。

10 剪掉轉角的布料和鋪棉斜口。

 剪一個小三角型即可，但別剪到縫份，由於轉角處棉太多，稍微修剪一下就可減少棉量，轉角處才會方正漂亮。

11 斜布條翻到後背布貼著車縫線以手貼縫，之前預留在完成線外0.7~1cm的布料和鋪棉都要包入。

---TIP---

雙滾邊是增加滾邊的堅實度和厚度，讓作品有被框住的感覺，也可修正壓線後的波浪，常用於壁飾作品。

不同種類的口袋該怎麼做？

⊙鬆緊口袋

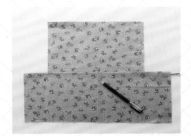

1 在內袋身畫好口袋位置與中心線，對摺口袋布摺燙，畫出中心線。

POINT!! 鬆緊口袋布寬度要比袋身多10cm；鬆緊口袋布的長度為（口袋深度×2再加上1.5cm縫份）；鬆緊帶的長度為口袋長度的2/3。

2 對摺邊1.5cm寬處（視鬆緊帶寬度調整，以穿可過為準）車一道線，再以穿帶器夾緊鬆緊帶，穿入剛車好的1.5cm的布隧道內。

3 再將穿入的鬆緊帶左右兩端，分別與布車縫在一起。

POINT!! 車好就可看見口袋的口部起縐且有彈性。

4 口袋布中線與內袋中線對齊後車縫固定。

5 抓直口袋布邊對齊內袋布邊，以強力夾固定，口袋底部多出的部分直接摺出摺子與布對齊後，以強力夾夾住。

6 距布邊0.5cm處車縫一圈即完成。

⊙立體貼式口袋

1 在內袋畫上口袋位置與中心線,再將口袋布正面相對燙摺。

 POINT !! 口袋大小的原則就是每多打一個摺子,布料長度就多加入一個摺子的尺寸。

2 車縫一圈後,在轉角處斜剪牙口。

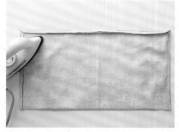

3 縫份向內整燙。

4 從返口拉出口袋。

5 若轉角處不夠垂直,可用錐子或筆尾輕輕推出,進行整燙。

6 換上暗針縫壓腳,將口袋布(無返口邊)車上裝飾線(距布邊0.3cm處)。

7 口袋布對齊內袋布所畫的中線後,車縫到內袋中線上。

8 從中線兩側各做兩個2cm的記號點後,依照記號向中線摺疊,並換上暗針縫壓腳(L),距口袋邊處0.3cm處車縫凵字型。

9 製作完成。

⊙ 一字型拉鍊口袋

1 在內袋布畫出中心線及固定拉鍊位置，在拉鍊口袋用布背面距布邊2cm處畫上1×20.5cm的拉鍊開口。

 若需要車縫20cm的拉鍊，在畫拉鍊框線時，要稍微多畫0.5cm才不會不好車縫。

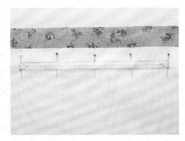

2 內袋布和口袋布正面相對，中線也要相對，對齊拉鍊框線後，以珠針固定。

3 車縫完成後對摺，在拉鍊框線內剪一刀，再沿線剪開。

 以20cm拉鍊製作一字型口袋（深度15cm）為例：布料要裁切24×34cm，若拉鍊改成16cm，布料寬度則要改成20cm；多出拉鍊的長度的4cm是易車縫的寬度。

4 轉角處剪牙口，從開口處翻回正面，以熨斗進行燙整。

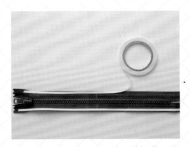

5 用水溶性雙面膠帶黏貼於拉鍊正面外側邊處。

6 撕下雙面膠的紙面，黏貼於拉鍊開口處的邊框上。

7 換上暗針縫壓腳，車縫拉鍊。

8 摺起口袋布車縫一圈。

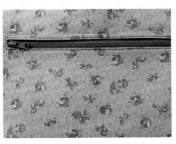

9 製作完成。

LESSON 4
Straight 直線拼接圖形

・學習重點・

縫份及針距的設定
直線布片的接法
縫份的倒法
前導布不斷線接合車縫法

Pattern 01 直線拼接圖形

● 完成尺寸：29.5×29.5cm
　（未含縫份為28×28cm）
● 各色的布量：
　A（白色素布）：5×136cm
　B（配色印花布）：5×34cm
　C（配色印花布）：5×34cm
　D（配色印花布）：5×34cm
　E（配色印花布）：5×34cm
● 線材：#80或#90的車線
● 車針：11號
● 針趾花樣選擇：直線縫
● 針距設定：1.8
● 針位設定：縫紉機的廠牌和布料的厚薄度，都可能影響縫份0.7cm的正確設定位置，請在上機前自行調整成0.7cm縫份的針位。

---TIP---

以BrotherQC-1000而言，中針位（3.5）所車出的縫份是0.85cm，請將針位調整至5.0，就可車出0.7cm。

完成圖

示意圖

A	B	A		A	C		A
		B					C
B		B	A	C		C	A
A			A				
A	D	A		A	E		A
		D					E
D		D	A	E		E	A
A			A				

HOW TO MAKE

1 將A裁成4條5×34cm的布條，B、C、D、E四種印花布各裁成1條5×34cm，分別將A與B、A與C、A與D、A與E車縫在一起，做成4組。

2 車縫後，以熨斗分別將4組的縫份倒向印花棉布。

3 將車好的布條裁成8.5×8.5cm（已含縫份1.5cm）。

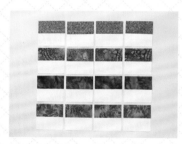

4 4組都要分別裁出4塊8.5×8.5cm的布片。

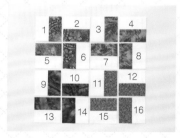

5 如示意圖排好，由左往右，1與2接合、3和4接合、5和6……依此類推接合。

前導布

6 車縫時先準備一塊布料對摺後車縫，作為正式車縫前的「前導布」，不斷線車縫布料，一組接著一組車縫。

7 不斷線的車縫方式完成的狀態，布片全是串連在一起的。

8 剪斷連接的車縫線分開布片。

9 攤開每一組以熨斗整燙，或用骨筆壓平布料，縫份倒向花布側。

10 取步驟 9 完成的布片,兩兩相互接合(以不斷線車縫)。

11 不斷線車縫方式完成的狀態,布片全是串連在一起的。

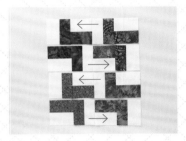

12 車縫成四排,縫份的倒向如圖所示。

13 兩組兩組分別車縫後,將縫份向兩側熨開。

14 車縫上下兩排時,一定要錯開縫份,接成面時,要注意角落處有沒有對齊(角針對齊)。

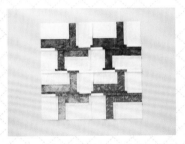

15 兩片布料車合後,縫份也往兩旁燙開即完成。

常見問題

Q1 為什麼要使用「前導布」進行車縫？

A 由於拼接布料時針距設定為1.8是很密的針距，不需要進行回針，但怕一起針時，送布齒容易咬住布料，所以必須從前導布的一半開始起針，不斷線續車，在不斷線的空針階段，上下線也是處於車縫在一起的狀態，即可取代回針。

Q2 為什麼拼接布料時，不直接使用回針就好？

A 接縫布料時，若使用回針，布邊容易產生糾結，即便沒有發生糾結的情況，拼接完成後的尺寸，也非常容易失準。

Q3 沒把握車縫時能對齊兩片布料角針時，該怎麼辦？

A 可以先在角落處別上一支珠針，並適時使用錐子壓住布料，慢慢地推送車縫即可。

Q4 如果縫紉機無法移動至0.7cm的針位，車不出0.7cm縫份怎麼辦？

A 可換用萬用壓布腳(J)-5mm。0.7cm縫份的準確與否與車縫者是否常使用縫紉機的穩定性有很大的關係，不管是使用哪一種壓布腳，都要在試車布上先試過，車一道線就用尺量一次寬度是否為0.7cm，多練幾次就可以抓到自己對齊的方式及絕竅。若還是有問題，最直接的方法是從針的位置量起，往右0.7cm，在縫紉機上畫一條對齊線，或用有顏色的紙膠帶做記號也可以，布就對齊記號線車縫即可。

Q5 車好後的縫份倒向，什麼狀況才都往同一邊倒？或分開來整燙？

A 原則上縫份還是都往深色布倒同一邊整燙。但為了避免在壓線時因縫份太多層，易發生跳針不吃線的狀況，會在車縫的最後組合的1~2個步驟，將縫份打開來整燙，比如直線拼接圖型的步驟13、15就需打開來整燙。

風車托特包

完成尺寸：40cm（W）×32cm（H）×12cm（D）

示意圖

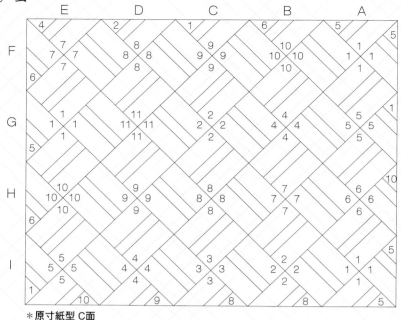

* 原寸紙型 C面

- 線材：#80或#90的車縫線→布料拼接．透明線→壓線．#50或#60的車縫線→組合
- 壓布腳：萬用壓布腳（J）→布料拼接．暗針壓布腳（L）→車縫裝飾線．均勻送布壓布腳→壓線，移動式拉鍊壓腳（I）→拉鍊
- 車針：11號→布料拼接．14號→鋪棉壓線及組合
- 針趾花樣選擇：直線縫
- 針位&針距設定：0.7cm針位／針距1.8→布料拼接．中針位／針距2.5→壓線．0.7cm針位／針距2.5→包包組合
- 材料

	布料	布料總長	每片裁剪尺寸	所需片數
1		4cm×105cm	4cm×7.5cm	14片
2		4cm×67.5cm	4cm×7.5cm	9片
3		4cm×30cm	4cm×7.5cm	4片
4		4cm×75cm	4cm×7.5cm	10片
5		4cm×75cm	4cm×7.5cm	10片
6		4cm×52.5cm	4cm×7.5cm	7片
7		4cm×60cm	4cm×7.5cm	8片
8		4cm×75cm	4cm×7.5cm	10片
9		4cm×67.5cm	4cm×7.5cm	9片
10		4cm×75cm	4cm×7.5cm	10片
11		4cm×30cm	4cm×7.5cm	4片

米白色布 10cm×110cm（需裁成2.5cm×7.5cm，共49片）

後袋身表布、袋底、拉鍊口布 共需3尺．裡布×2.5尺

單膠鋪棉1.5尺．薄布襯5尺．美國厚襯20×26cm．拉鍊20cm 1條．拉鍊40cm 1條
28mm平面雞眼釦 1組．提把 1組．3cm包釦 2個

HOW TO MAKE

1 先依材料部分，將所需要的布片一一裁好。

2 如圖一組一組分開車縫，縫份倒向深色布。

3 四組布料拼接完成後，相互串連起來。

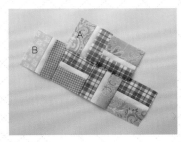

4 依示意圖依序接縫。

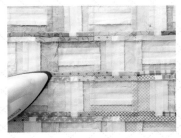

5 縫份往左右兩側燙開。

6 表布接縫完成。

POINT!! 落針壓線即是沿著布與布接合處進行壓線。

POINT!! 以紙型B定規，沿完成線疏縫一圈（針距可調到最大）後，剪掉多餘處即完成表B。

7 表布背面燙上單膠鋪棉（至少比表布大1cm即可避免壓線後縮小的情形），單膠鋪棉背面燙上薄布襯，進行落針壓線。

8 進行對角壓線的動作（讓風車看起來更有轉動的感覺），以紙型A定規畫出完成線，沿完成線疏縫一圈（針距可調到最大）後，剪掉多餘處即完成表布A。

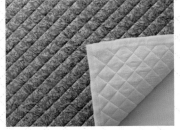

9 分別剪裁袋身表布、單膠鋪棉、棉布襯50×50cm，並依序燙貼完成後，進行壓線（壓線圖案可自由發揮）即完成表布B。

10 車縫表布A和表布B的袋底。

11 分別車縫表布A和表布B兩側。

12 完成外袋底部。

13 75×110cm的薄布襯燙貼於裡布背面,依紙型剪出內裡袋身、一字型口袋、立體口袋的布料後,車縫於裡布正面。

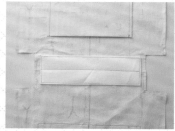

14 將20×26cm的美國厚襯摺成10×26cm,車縫於內袋底部後,作法同步驟11、12。

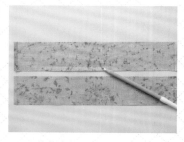

15 剪裁出25×37cm的薄布襯,燙貼至表布背面,再剪下4片6×36.5cm後,在兩端0.7cm處畫線,準備做拉鍊口布。

 POINT!! 拉鍊頭端與拉鍊用布的布邊對齊後,拉鍊本身的布料需要往內摺45度角,避免露在外面會不好看。

16 拉鍊口布的兩側向內摺0.7cm後進行整燙。

17 將4片拉鍊口布,分成兩片兩片夾車40cm拉鍊。

18 夾車完成翻回正面進行整燙(小心不要燙到塑鋼拉鍊)。

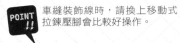 POINT!! 車縫裝飾線時，請換上移動式拉鍊壓腳會比較好操作。

19 拉鍊兩側布邊約0.3cm處車縫一道裝飾線。

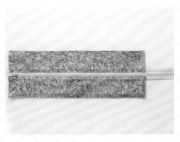

20 完成袋口部拉鍊。

21 將內袋套入外袋中，對齊布邊後疏縫一圈（針距可放到最大）。

22 袋口拉鍊置中並疏縫於袋口。

23 裁一條4×90cm的斜布條，車縫袋口進行滾邊，另一邊可以手貼縫。

24 拉鍊尾端處可以縫上包釦作為裝飾（可修飾掉拉鍊尾端多餘布料）。

25 從袋口中心分別往左右9cm處標上記號，再將28mm的雞眼平放於滾邊下緣，圓心正中央就是鐵片的圓心點，以水消筆標上打洞的記號點。

26 將雞眼釦的凸片從外袋放入，平片從袋裡釦上，底部墊入膠墊，以工具敲打固定。

27 最後鉤上提把即完成。

步步高昇長夾

完成尺寸：19.5cm（W）×12.5cm（H）

＃示意圖　19.5

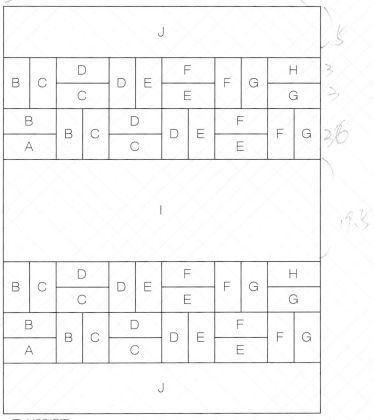

＊原寸紙型C面

● 線材：#80或#90的車縫線→布料拼接・透明線→壓線・#50或#60的車縫線→組合
● 壓布腳：萬用壓布腳（J）→布料拼接・暗針壓布腳→車縫裝飾線・均勻送布壓布腳→壓線・移動式拉鍊壓腳
● 車針：11號→布料拼接・14號→鋪棉壓線及組合
● 針趾花樣選擇：直線縫
● 針位&針距設定：0.7cm針位／針距1.8→布料拼接・中針位／針距2.5→壓線・0.7cm針位／針距2.5→包包組合
● 材料：

	布料	布料總長		布料	布料總長
A		3CM×9CM	F		3CM×36CM
B		3CM×27CM	G		3CM×27CM
C		3CM×36CM	H		3CM×9CM
D		3CM×36CM	I		7.5CM×19.5CM
E		3CM×36CM	J		5CM×19.5CM×2片

滾邊布×1/4尺(30CM×27.5CM) 與 I 同布

裡布、洋裁襯×各1/2Y(45CM×110CM)

拉鍊16cm 1條・拉鍊40cm 1條・拉鍊尾皮夾片 1個・小蛋型勾 1個

寬0.5cm合成皮帶 32cm・心型合成皮花片 1片・紅鑽固定釦 1組・裝飾用鑰匙 1支

HOW TO MAKE

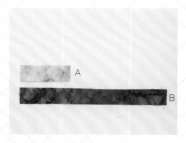

1 將所需要的布片一一裁好，車合A布和B布後，寬度為4.5cm。

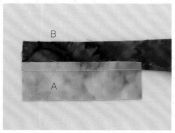

2 再將步驟1裁切成4.5×4.5cm（已含縫份），需製作2片。

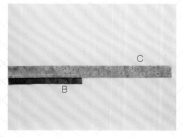

3 車合裁剩的B布3×18cm與C布，縫份倒向B布後，裁成4.5×4.5cm（已含逢份），需製作4片。

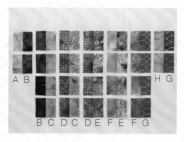

4 裁切好所有布料。

裁切出以下組合備用：
D＋C：
4.5×4.5cm×4片（縫份倒向D）
D＋E：
4.5×4.5cm×4片（縫份倒向D）
F＋E：
4.5×4.5cm×4片（縫份倒向F）
F＋G：
4.5×4.5cm×4片（縫份倒向F）
H＋G：
4.5×4.5cm×2片（縫份倒向H）

5 依照示意圖排列布片。

6 上下兩排分別由左至右，以不斷線的車縫法連接。

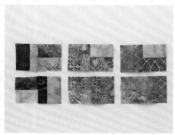

7 剪開串連處的縫線，再將布片如示意圖排放。

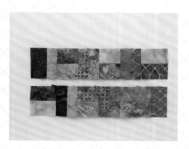

8 接縫為上下兩排並錯開縫份。

9 接合上下片。

10 以熨斗熨開縫份，製作2片。

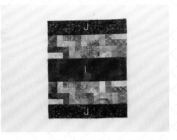

11 分別裁好兩片J布和I布後，拼接成表布。

12 縫份倒向如圖，燙整表布。

13 表布背面鋪上鋪棉及薄布襯。

14 換上透明線及均勻送布壓布腳準備壓線，由中間開始進行落針壓線（依照階梯狀壓線），依序向外壓線。

15 壓線完成。

16 步驟15的背面圖。

17 將以膠版或厚紙板做的紙型L（含縫份）放於表布正面，先以筆畫一圈定規，再沿著線條疏縫定規（針距調到最大）後，剪掉線條外多餘部分。

18 裡布燙上洋裁襯，並剪出L-1裡布2片、M裡布 4片、N裡布 2片、K裡布2片後，拉鍊四邊都貼上水溶性膠帶，再用2片M布黏貼同邊拉鍊的上下。

19 換上可調式拉鍊壓腳，車縫黏貼處。

20 車縫完成後翻回正面進行整燙，縫紉機換上暗針縫壓腳，布邊車上裝飾線，以免拉鍊時咬傷布料。

21 拉鍊兩側的作法相同。

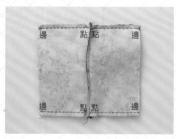

22 拉鍊兩邊的布料（表布正面相對，裡布正面相對），如圖由點到邊的方式進行車縫。

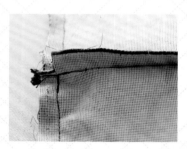

23 轉角處剪正方形牙口。

24 翻回正面，整好拉鍊。

25 K裡布表面依照紙型所標示出的燙摺記號線，進行摺燙，並在每一個摺邊車縫上裝飾線。

26 做好兩片夾層備用。

27 一起車合兩片夾層和拉鍊。

28 步驟27與2片L-1裡布疏縫固定。

29 步驟28與製作完成的表布行進行疏縫。

為了讓此處的製作更容易車縫，次序請勿顛倒。

30 先裁出4×90cm的斜布條，滾邊車縫於包包的一側。

31 兩片裡布N分別正面相對進行車縫（兩邊不車縫）後，翻回正面整燙，再車縫一道裝飾線，即完成2片側身擋布。

32 先將側身擋布兩邊車縫至袋身滾邊，再將側身擋布置於拉鍊袋進行夾車約0.5cm。

33 滾邊另一邊以手縫貼縫。

34 量出紙型L上點1到點2的距離，並在包包中心點畫上記號（此長度記號也要標註在拉鍊上，才不會縫歪），將拉鍊齒部與滾邊處對齊（一樣高的狀態），以珠針固定後，進行點狀回針（星止縫）。

35 拉鍊的布邊，以手貼縫平順。

36 另一邊多出的拉鍊尾端可縫上拉鍊尾皮夾片。

37 拉鍊頭可以裝飾上其他飾品或好拉的細提把即完成。

LESSON 5

Square 四角拼接圖形

·學習重點·

方塊布片的快速拼合法
布片間縫份的倒向
各方塊布片間的組合技法

Pattern
01

四角拼接圖形

● 完成尺寸：29.5×29.5cm
　（未含縫份為28×28cm）
● 各色用布量：
　A（白色素布）：7.1×28.4cm
　B（配色布）：7.1×63.9cm
　C（配色布）：7.1×21.3cm
　D（配色布）：7.1×14.2cm
　E（配色布）：7.1×14.2cm
　F（配色布）：7.1×21.3cm
　G（配色布）：7.1×14.2cm
● 線材：#80或#90的車線
● 車針：11號
● 針趾花樣：直線縫
● 壓布腳：萬用壓布腳（J）
● 針距設定：1.8
● 縫紉機的廠牌和布料的厚薄度，都有可能
　影響縫份0.7cm的正確設定位置，請在上機
　前自行調整成0.7cm縫份的針位。

完成圖

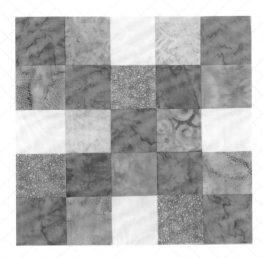

示意圖

B ←→ D		A ←→ E		B
C ←→ B		F ←→ B		G ↕
A ←→ E		B ←→ D		A
F ←→ B		G ←→ B		C
B ←→ C		A ←→ F		B ↕

HOW TO MAKE

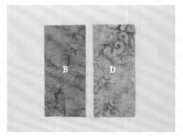

1 將B布裁成與D布等長。

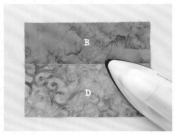

2 車縫B布和D布，縫份倒向D布。

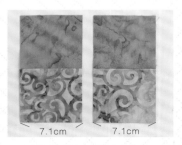

7.1cm　　　7.1cm

3 再裁成寬7.1cm的2條布條。

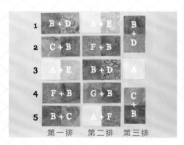

4 依步驟1~3作法製作：B布+D布
（2組），A布+E布（2組，縫
份倒向E），C布+B布（3組，縫份
倒向C），F布+B布（2組，縫份倒
向F），G布+B布（2組，縫份倒
向G），A布+F布（1組，縫份倒向F）
與裁切一片（7.1×7.1cm）後，依示
意圖車縫。

5 第1行與第2行以不斷線接縫，第3
行與第4行以不斷線接縫。

6 剪斷縫線，縫份倒向下方。

7 車縫完成第一排。

8 縫份向下倒，接著以同樣的作法車
縫第2行和第3行。

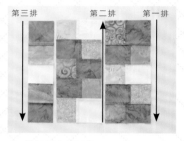

9 縫份倒向如圖標示。

 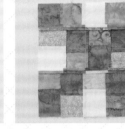

10 將3排都車縫起來。　　11 縫份倒向如圖。

常見問題

Q1 裁切布料要完全依照尺寸表裁切嗎？

A 布料用量是依圖形、尺寸所算出來的用量，因此實際製作時長度最好能稍微裁長一些。

Q2 7.1cm的寬度該怎麼裁比較好呢？

A 由於圖型的關係，難免會有比較奇怪的尺寸，因此準備一把有細微至0.1cm刻度的裁尺是很重要的！可先在裁尺上面量出7.1cm的位置，並以彩色紙膠帶在該處上貼一長條記號，將布邊對著線裁即可。

愛心抱枕

完成尺寸：52cm（W）×52cm（H）

示意圖

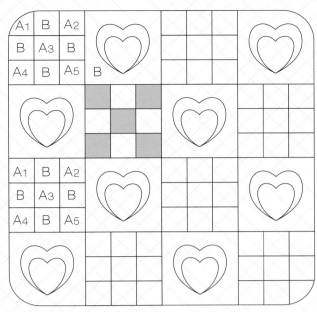

＊原寸紙型C面

◉ 線材：#80或#90的車縫線→布料拼接・#40機縫刺繡壓線→刺繡和壓線・#30車縫線→抽荷葉緞摺刺繡專用底線

◉ 壓布腳：萬用壓布腳（J）→布料拼接和組合・密針縫壓布腳（N）→刺繡・均勻送布壓布腳→壓線・可調式拉鍊壓腳（I）→車縫拉鍊

◉ 車針：11號→布料拼接・14號→刺繡、鋪棉壓線及組合

◉ 針趾花樣：直線縫→拼接・三線縫→愛心壓線

◉ 針位&針距設定：0.7cm針位／針距1.8→布料拼接・中針位／針距2.5→刺繡和壓線・0.7cm針位／針距2.5→組合

◉ 材料

布料		用量
A1		4.9×39.2cm（1條）
A2		4.9×39.2cm（1條）
A3		4.9×39.2cm（1條）
A4		4.9×39.2cm（1條）
A5		4.9×39.2cm（1條）
B		4.9×39.2cm（4條） 11.5×11.5cm（8條）

後背布（上片）：32×41.5cm 1片
後背布（下片）：14.5×41.5cm 1片 ）依尺寸裁切即可
荷葉邊用布：13.5×270cm
單膠棉：45×45cm
洋裁襯：45×45cm
蕾絲花邊：6×270cm
35cm塑鋼拉鍊1條
安定紙：15×15cm 8片
枕心：45×45cm

HOW TO MAKE

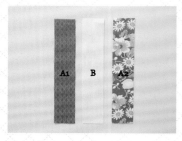

1 依尺寸表裁切布片，將A1、B、A2布料分為1組。

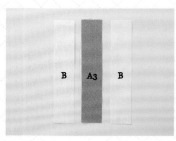

2 B、A3、B布料分為1組。

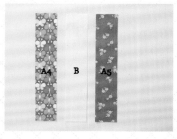

3 A4、B、A5布料分為1組後，依序車縫，並將縫份倒向深色布側。

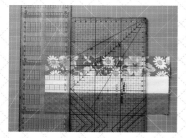

4 以雙尺對齊後裁切布料。

5 每4.9cm就裁一刀，每組共可裁出8片4.9×11.5cm的布片。

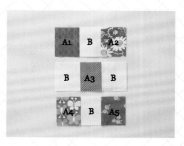

6 依步驟5裁切好的布條，如示意圖排列後依序車縫。

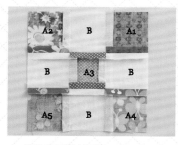

7 縫份分別倒向兩側。

8 製作8組九宮格布片（每一組皆為11.5×11.5cm）。

POINT!! 用於暫時固定不用上太多膠。

9 愛心圖案複寫在11.5×11.5cm的B布上，共製作8片，以布用口紅膠黏貼於安定紙上，或用珠針固定。

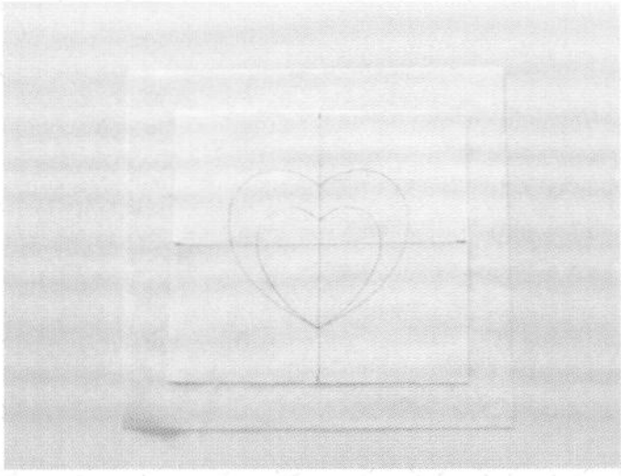

10 黏合完成。

POINT!! 用三線車縫愛心才看得到圖案，若縫紉機上沒有三線縫的花樣，也可沿線車縫三次。

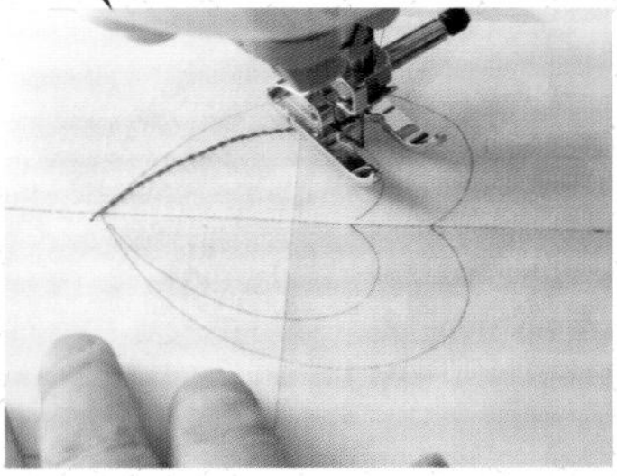

11 換密針縫壓腳，車縫花樣改成「三線縫」（中針位，針距2.5，張力調往0的方向，車縫上線換成#40刺繡線，下線改成刺繡專用底線），沿著愛心線車縫。

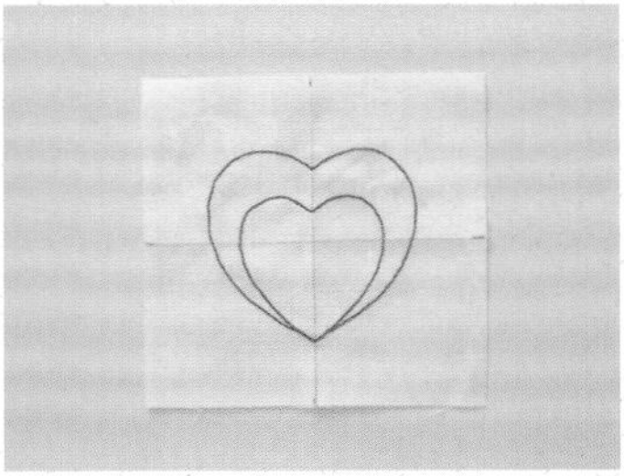

12 撕掉背後的安定紙。

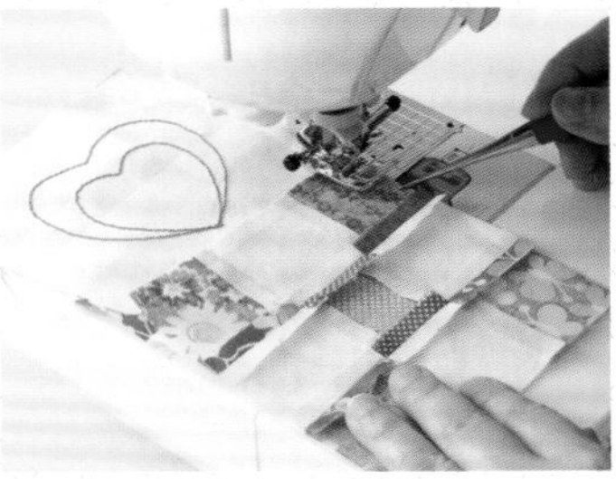

13 將8片九宮格布片和8片愛心B布，交錯擺成4×4的排列後，進行車縫。

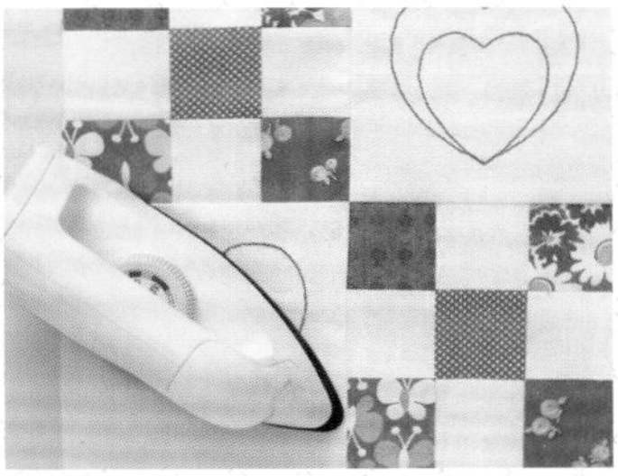

14 將製作完成的表布燙上單膠棉，鋪棉後面再燙上洋裁襯。

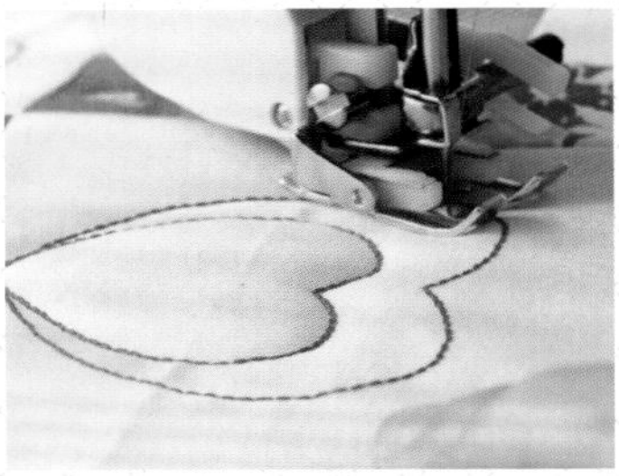

15 換上均勻送布壓布腳，換回直線中針位的車縫花樣，使用#40刺繡線，沿著愛心的邊緣壓線。

POINT!! 若沒有雙針，就先畫上對角線，在線的左右0.2cm處各畫一條線，直接壓在左右兩條線上，也可達到雙針的效果。

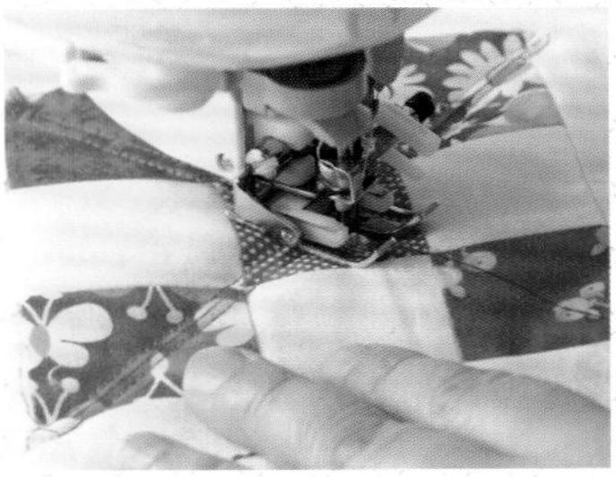

16 九宮格布片的壓縫改換成寬0.4的雙針進行壓雙線，只需壓縫斜對角即可。

POINT!! 由於壓線後布料會內縮，若發現布料縫份不夠，就直接畫上實際尺寸的線條後多加一條0.7cm的縫份線即可。

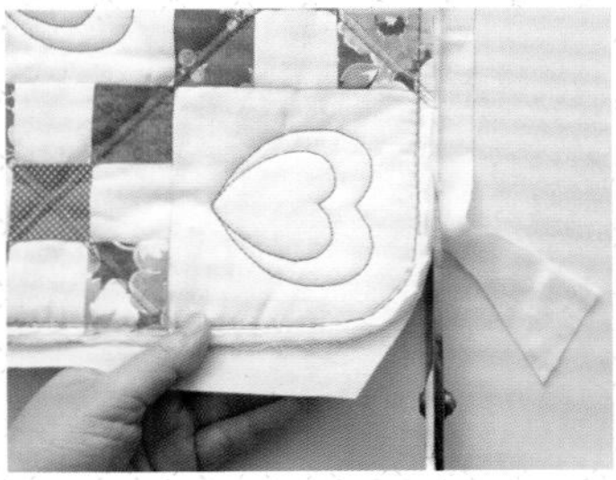

17 後背加上一層布（胚布或米白色布），使用膠版或紙板製作的紙型（含縫份）畫出完成線，再依線條疏縫一圈（中針位，針距5.0）後，剪掉線外多餘的部分。

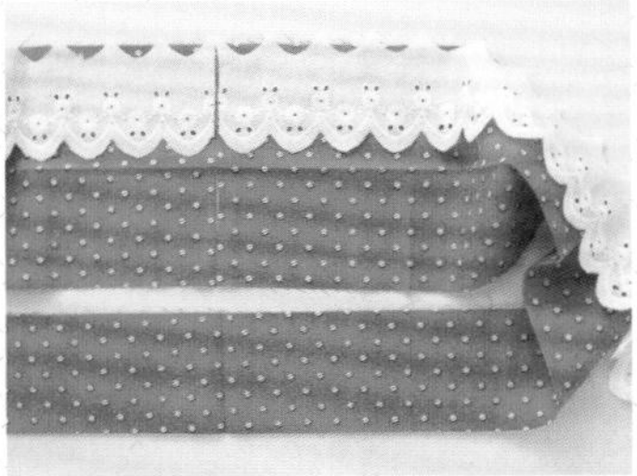

18 將寬6cm的蕾絲布的布邊與布料對齊後，頭尾正面相對接成一圈。

19 摺燙荷葉邊布邊，並在每67.1cm就做一個記號，共4條記號線。

20 上下線換成#30車線，車縫荷葉邊（拉長20cm的上下線，針距5.0，上線張力往8~9的方向，不需回針）。

21 車縫一道於布邊0.5cm處，收尾時也不需回針，再把上下線多留20cm後剪掉；每67.1cm處就重覆一次相同的動作。

22 一起抽拉好每段67.1cm頭尾預留20cm的車縫線，縮成40cm後打結，並整理花邊縐褶。

23 後背布上片的背面畫出距離布邊3.3cm的一條橫線，後背布下片畫出距布邊1.7cm的一條橫線，接著將兩片正面相對，線與線對齊，線條的左右邊內3cm處標上記號車縫，但要留中間35.5cm不車縫。

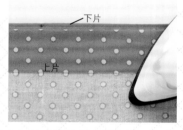

24 下片的1.7cm側的布料向上推高0.3cm後燙平。

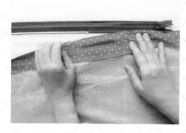

25 以水溶性雙面膠黏貼在35cm拉鍊的正面布邊，並黏上後背布下片。

26 換上可調式拉鍊壓腳，並將車針調至壓腳右邊，壓腳對齊布邊就可開始車縫拉鍊。

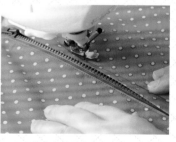

27 將後背布上片翻面，在離布邊1.5cm處畫上一條線後，以雙面膠黏好上片布和拉鍊，車縫一個ㄇ字形，即完成隱藏式拉鍊。

28 將花邊疏縫（針距5.0）到表布布邊0.5cm處。

29 後背布與表布正面相對，周圍以強力夾固定後車縫一圈，縫份0.7cm。

30 以剪刀修圓轉角。

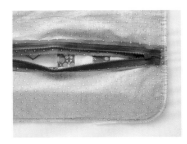

31 換上密針縫壓腳，縫份處進行簡單的拷克，即可預防布邊脫紗。

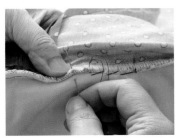

32 縫份倒向表布，以捲針縫縫合即完成。

原寸紙型

常見問題

Q1 什麼時候該調整縫紉機上線張力？

A 線的材質及布料的厚薄都會影響縫紉機上線的張力。車縫時，若布料明顯起縐、產生微小細紋，或在布料的正面就可看到底線的線結，就表示上線張力太緊了，請將上線張力往「0」的方向調整；布料的背面若是很明顯看到浮線，像一條直線，或在底線可看到上線的線結，則是上線張力太鬆了，請將上線張力往「9」的方向調整。調整上線張力時，不要一下子調整太多，先以相同的布料邊試車並調整到好為止。遇到特殊線（如透明線/刺繡線/金蔥線等）時都必需重新檢視是否需要調整張力，以及抽花邊縐褶時，都需要將上線張力調緊才行。

九宮格園珠口金包

完成尺寸：30cm（W）×26cm（H）×9cm（D）

示意圖

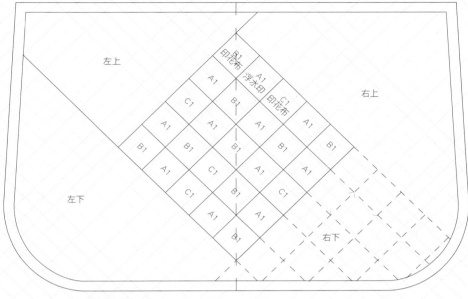

＊原寸紙型C面

● 線材：#80或#90的車縫線→布料拼接・#40金蔥線→壓線・透明線→壓線時的底線和車縫水兵帶

● 壓布腳：萬用壓布腳（J）→布料拼接和包包組合・密針縫壓腳（N）→水兵帶・均勻送布壓腳→壓線

● 車針：11號→布料拼接和車縫水兵帶・14號→鋪棉壓線及組合

● 針趾花樣：直線縫・鋸齒縫

● 針位＆針距設定：0.7cm針位／針距1.8→布料拼接・中針位／針距2.5→壓線・0.7cm針位／針距2.5→組合

● 材料：

布料		用量
A1		3.9×30cm　3條
B1	■	3.9×30cm　2條
C1	▦	3.9×30cm　1條

袋口、外袋用布：1.5尺

側身表布：15×110cm

內袋裡布：2尺

薄鋪棉：2尺

寬0.3cm水兵帶：7尺

21mm包釦：1個

寬0.5cm鬆緊帶：30cm

15cm圓珠口金：1組

長120cm鎖鍊肩背帶：1條

薄布襯：1碼

安定紙：30×40cm

HOW TO MAKE

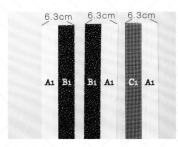

6.3cm 6.3cm 6.3cm

A1 B1 B1 A1 C1 A1

1 分別車縫兩條A1和兩條B1，縫份倒向深色布後，每3.9cm裁一片，共須裁切9組3.9×6.3cm，再將A1和C1車合，縫份倒向深色布後，每3.9cm裁一刀，共裁成3組3.9×6.3cm，接著將剩下的C1再裁成1片3.9×3.9cm。

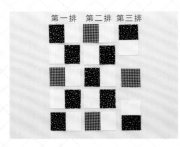

第一排 第二排 第三排

2 取出裁好的12組3.9×6.3cm和1片3.9×3.9cm布片，如示意圖排列。

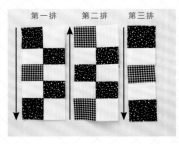

第一排　　第二排　　第三排

3 一排一排車縫完成後，縫份倒向如圖標示要相互錯開。

POINT!! 外袋身的布片皆為不規則的布片，依紙型畫布時記得要將紙型反過來畫在布料背面，方向才正確。

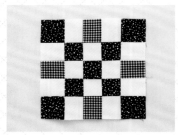

4 將三排車縫起來。

5 縫份倒向同一側。

A左上　　　　A右上

A左下　　　　A右下

6 依紙型剪裁外袋身的布片。

POINT!! 「點」是指實際尺寸的起點，「邊」是指布邊。由「點」起針以定點打結做回針，車線才不會鬆脫，若車到「邊」就直接切線不需回針。

POINT!! 車一圈水兵帶時，壓上4條線。

4 A左上　　　A右上
點　　　　　　　3
　　　　　邊　　2
A左下　1　　　A右下

7 車縫次序如圖；第1片由「點」起針車到「邊」，而第2、3片是由「邊」車縫到「邊」，第4片則由「邊」車縫到「點」，再由「點」車縫到「點」。

8 車縫好表布前片，接著加上薄鋪棉、薄布襯，進行三層疏縫。

9 換上密針縫壓腳，換成鋸齒縫的車縫花樣，起針處從布邊開始，一層層疊上去，車至水兵帶反摺車縫即可收尾。

10 使用紙型A在表布背面畫出完成線定規，再將針距調到最大針（5.0）沿定規車縫一圈。

11 剪掉定規線外多餘的部分。

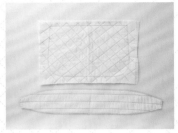

12 分別將外袋主體表布A和側身表布C、鋪上薄布襯和鋪棉，壓線後，以紙型定規，剪掉定規線外多餘的部分。

13 將紙型B花樣描繪至壓線專用描圖紙上，放於步驟11上以珠針固定，換上密針縫壓腳，上下線都換成透明線，車縫花樣選擇鋸齒縫，即可將水兵帶沿著紙上花樣車縫。

14 車縫完成後即可撕掉描圖紙。

15 剪一塊直徑4cm的圓，在圓外圍0.5cm處以平針縫一圈，包入21mm的包釦，拉緊線進行縮縫。

16 將縮縫好的包釦貼縫至水兵帶中心，作為花心。

17 剪掉定規線外多餘的部分，即完成外袋後片。

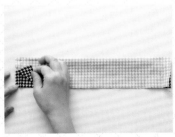

18 依紙型D剪下兩片口布，正面相對摺雙整燙，左右兩端皆由摺邊開始車縫4cm，留2.7cm不車縫。

19 口布縫份往左右燙開，沿2.7cm開口處，車出0.7cm的裝飾線。

20 將做好了兩片口布，分別車縫至前後片外袋身。

21 2尺裡布背面燙上薄布襯，剪下2片袋身前後片E、1片側身C，1片鬆緊口袋F後，將側身表布和側身裡布正面相對，車縫左右兩邊，再翻回正面，換上暗針壓腳，在左右兩側0.3cm處車縫裝飾線。

22 側身兩側沒車縫處進行疏縫（調到最大針）。

23 側身車縫至表布後片。

24 將袋身裡布和單邊側身表布正面相對縫合。

POINT!! 只能挑到鋪棉不可穿出表布。

25 袋底處留約15cm的返口。

26 用捲針縫將縫份縫至表布。

27 從返口拉出一邊的袋身。

記得要連鬆緊帶一起車縫。

28 鬆緊口袋布摺雙整燙，摺雙處下方1.5cm車縫一條，以穿帶器穿入鬆緊帶。

29 口袋邊疏縫一圈。

30 將鬆緊帶口袋疏縫製另一邊的內袋身後在中線處車縫一道分成兩個口袋。

31 將步驟27和內袋袋身正面相對車縫，重覆步驟24～27再從返口拉出袋身，縫合返口即可。

32 穿入寬15cm的圓珠口金後，鎖緊即完成。

LESSON 6
FOUNDATION PIECING翻車技法拼接圖形

·學習重點·

如何利用描圖紙做底稿
邊車邊翻的車縫技巧
※相關應用有很多，
如傳統拼布的Pineapple（鳳梨）圖形、
Crazy Quilt（瘋狂拼布）等都使用此概念。

Pattern 01　翻車技法拼接圖形

● 完成尺寸：29.5×29.5cm
　（未含縫份為28×28cm）
● 各色的布量：
　A（白色）：3.5×166cm
　B（需四色）：分別需要3.5×22cm
　C（需四色）：分別需要3.5×╳54cm
● 其他素材：描圖紙、草圖紙或台布
　17×17cm（紙質需軟薄，才不易破損也比
　較好撕除，薄的材質較不易有誤差）
● 線材：#80或#90的車線
● 車針：11號
● 針趾花樣：直線縫
● 壓布腳：萬用壓布腳（J）
● 針距設定：1.8
● 針位設定：縫紉機的廠牌和布料的厚薄
　度，都有可能影響縫份0.7cm的正確設定位
　置，請在上機前自行調整成0.7cm縫份的針
　位。

完成圖

示意圖

	6C						7C			
	4A						5A			
	2B						3B			
7C	5A	3B	1A	3B	5A	7C	6C	4A	2B	1A	2B	4A	6C
	2B						3B			
	4A						5A			
	6C						7C			

	7C						6C			
	5A						4A			
	3B						2B			
6C	4A	2B	1A	2B	4A	6C	7C	5A	3B	1A	3B	5A	7C
	3B						2B			
	5A						4A			
	7C						6C			

＊ABC指的是布的顏色。　　　＊放大368.75%後，即為原寸紙型。

＊123指的是車縫的順序。

HOW TO MAKE

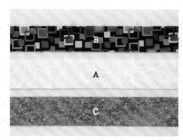

1 依尺寸裁切布料，此為完成圖左上角處布塊的配色。

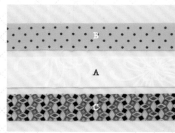

2 依尺寸裁切布料，此為完成圖左下角處布塊的配色。

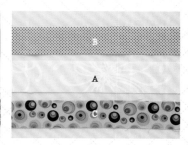

3 依尺寸裁切布料，此為完成圖右上角處布塊的配色。

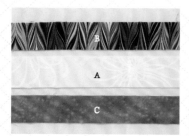

4 依尺寸裁切布料，此為完成圖右下角處布塊的配色。

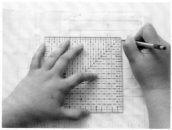

5 請剪4片17×17cm的描圖紙，每一張都依示意圖的四個小木屋圖型描繪一張，且需外加1～1.5cm的縫份。

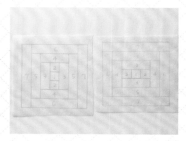

6 兩款描繪圖稿各需要兩張並標上車縫順序。

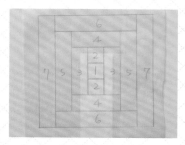

7 以布用口紅膠將白色A布條黏貼在標記1號的位置上，布料不可與圖稿等大，周圍要記得留縫份。

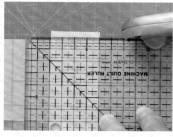

8 將描圖紙翻摺下來，尺貼著紙上的線條，四周裁出0.7cm的縫份（摺紙的動作是為了方便裁布，才不會導致裁布時連紙都被裁掉了）。

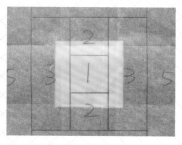

9 將布料四周裁出0.7cm的縫份。

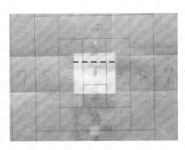

10 將布料B的正面蓋到1號的布料正面，在標記1和2的交接處車縫一道。

11 車縫前先引底線。左手拉著上線，此時車針要在上針位處。

12 再將針轉至下針位，左手還是要拉著線。

13 再將針位轉至上針位，左手順著針就可以把底線拉起來。

14 左手一起拉著上線和下線，再把針轉到起始點的下針位。

15 即可將上下兩條線都拉到壓腳後面，車縫時才不會擋住。

16 步驟15車縫完成翻回正面貌。

17 標記2號B布翻至正面，並以骨筆將縫份刮平（以骨筆取代熨燙）。

18 在標記2號布背面塗上布用口紅膠，將布黏合於描圖紙上。

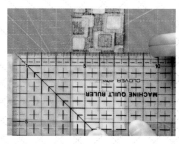

19 將描圖紙翻摺起來，尺貼著紙上的線條，四周裁出0.7cm的縫份（同步驟8）。

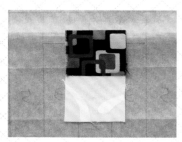

20 裁切好的標記2布料B。

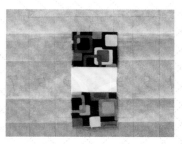

21 重覆步驟10~19，完成另一片標記2布料B。

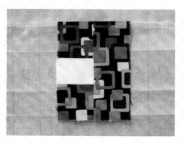

22 重覆步驟10~19，完成一邊標記3布料B。

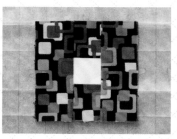

23 重覆步驟10~19，將布料B車縫一圈。

24 作法相同，依序車縫標記4布料A→標記5布料A→標記6布料C→標記7布料C，即可完成1/4的圖形。

25 以相同作法完成四個組合。

26 上下兩組分別車縫在一起，上排的縫份倒向左邊，下排的縫份倒向右邊。

27 車縫上下排，將縫份倒向兩側，最後撕掉背後的描圖紙即完成。

常見問題

Q1 描圖紙該如何使用？

A 將每一張配置圖上的數字和英文字，都依序描繪在描圖紙上（連符號都要）後，最外圍的縫份留1~1.5cm以上最佳。

Q2 為什麼要引底線？

A 車縫時可先將底線引到上面，才不會造成布料後面都是線頭、或線頭都糾成一球，也不會因縫線造成作品不平整，也可以避免壓線時車縫到糾結的線頭導致跳針或卡線，所以車縫前要先把底線引上來。

Q3 依紙型車縫怎麼會有誤差呢？

A 以任何描圖紙或台布來製作圖形，在尺寸上很容易會有些許誤差（材質越薄誤差值越小），因此請做好每一個布片都要重新定規成15.5×15.5cm。

Q4 有比較沒誤差的作法嗎？

A 回復到跟其它圖型的拼接一樣，不要以紙做底稿來翻車，而是每一條布都從1號正方開始照順序邊車邊裁，只要車準縫份，幾乎不會產生誤差。但相較於有底稿的翻車方法慢，請兩種方法都試試看，再擇一使用！

小木屋手機袋

完成尺寸：9cm（W）×16cm（H）

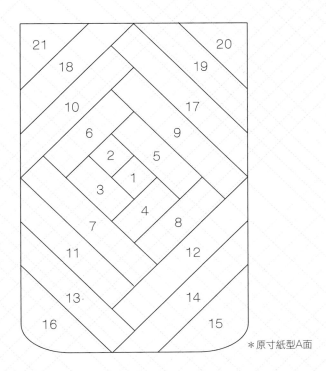

＊原寸紙型A面

● 線材：#80或#90的車縫線→布料拼接．透明線→壓線．#50或#60的車縫線→組合
● 壓布腳：萬用壓布腳（J）→布料拼接．均勻送布壓布腳→壓線
● 車針：11號→布料拼接．14號→鋪棉壓線及組合
● 針趾花樣：直線縫
● 針位＆針距設定：中針位／針距1.8→布料拼接．中針位／針距2.5→壓線．針位0.7／針距2.5→袋身組合

● 材料

布料		用量	使用的紙型號碼
A		3 X 6cm	1
B		3 X 36cm	2、3、4、5
C		3 X 60cm	6、7、8、9
D		3 X 75cm	10、11、12、17
E		3 X 87cm	13、14、18、19
F		3.5 X 64cm	15、16、20、21

註：用布量是依照完成圖加上縫份所算出的用量，實際裁切時請多預留一些長度，並加寬一點。
袋口用布：6×19.5cm 2片．裡布：18×26cm 1片．描圖紙12×18cm2張．薄布襯1/2尺．10cm彈
簧片型口金夾 1組．小問號鉤 2個．寬0.5cm的皮帶 25cm．裝飾小花 2朵．小固定釦 2組

HOW TO MAKE

1 將紙型描繪在描圖紙上，由於袋子兩面都一樣，所以需要兩張。

2 依數字依序車縫（作法參閱P.76～78），車縫好兩片表布。

3 表布下面放鋪棉、薄布襯完成疏縫後，進行壓線。

4 壓完線後可用紙型畫一圈完成線，並沿著完成線疏縫一圈（疏縫的針位7.0，針距5.0）後，修剪掉線外多餘的部分。

5 裡布和袋口用布都燙上薄布襯，並依尺寸（6×19.5cm2片）和袋身紙型剪下2片（已包含縫份）。

6 對齊袋口布頭尾兩端後車縫，翻回正面將縫份置於中間進行整燙。

7 對摺車好的袋口用布進行整燙，並以疏縫固定於表布口部。

8 兩片表布正面相對車縫U字型（口布不需車縫），轉彎處需剪牙口，縫份往兩側以捲針縫縫合。

9 兩片裡布也正面相對車縫U字型，一邊留約5cm的返口，轉彎處記得剪牙口。

10 將外袋翻回正面，套入裡袋，正面相對。

11 袋口很小，所以從內袋車縫一圈會比較好車。

12 從返口拉出外袋。

 POINT !! 記得要縫到鋪棉（縫線不可穿透表布）才會有抓力。

13 將袋子翻到背面整燙後，再沿著袋口邊緣以星止縫（點狀回針）縫一圈。

14 裡袋返口處進行貼縫。

15 將袋身翻回正面。

16 彈簧片型口金夾穿入口部。

17 夾片另一端要將卡榫穿入，尾端用尖嘴鉗反摺。

18 將寬0.5cm的皮帶反摺勾住小問號勾，並以固定釦釘上皮花即完成。

瘋狂拼布相機包

完成尺寸：12cm（H）×15cm（W）×5cm（D）

示意圖

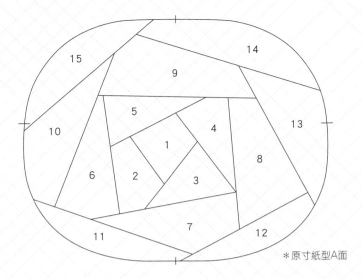

＊原寸紙型A面

● 線材：#80或#90的車縫線→布料拼接．#50或#60的車縫線→壓線、組合
● 壓布腳：萬用壓布腳（J）→布料拼接和組合．均勻送布壓布腳→壓線．移動式拉鍊壓腳．暗針縫壓腳→車縫裝飾線
● 車針：11號→布料拼接．14號→鋪棉壓線及組合
● 針趾花樣：直線縫
● 針位＆針距設定：中針位／針距2.5→壓線．中針位／針距1.8→布料拼接．0.7cm縫份針位／針距2.5→組合袋身

● 材料：

	布料	用量		布料	用量
1		5cm X 10cm	9		6cm×20cm
2		5cm X 12cm	10		5cm×22cm
3		6cm X 12cm	11		4cm×24cm
4		5cm X 16cm	12		4cm×20cm
5		5cm X 16cm	13		6cm×22cm
6		6cm X 16cm	14		5cm×26cm
7		5cm X 20cm	15		4cm×24cm
8		8cm X 18cm			

B及C表布(拉鍊側身)　20cm× 30cm

D及E表布(後袋身上部及袋耳)　8cm × 35cm

D-1表布(袋耳後背布及12cm拉鍊尾端用布)　6cm × 20cm

F表布(後袋身下部)　12cm ×20cm

裡布　20cm ×110cm

描圖紙16×20cm2張．鋪棉1尺．薄布襯 1/2Y．20cm塑鋼拉鍊 1條．12cm的古銅拉鍊 1條

HOW TO MAKE

車好後可撕掉描圖紙，由於紙型上的號碼也就是車縫的順序，若怕車縫時會混淆，可先用消失筆在布襯上標上車縫的順序。

1 先在描圖紙上描繪兩張紙型A後，描圖紙下方鋪上鋪棉和薄布襯，四邊以珠針固定。

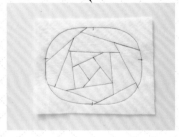

2 使用#50車線（顏色不要和鋪棉相同避免看不到），沿著描圖紙的線條進行車縫，包含中心及左右的記號點。

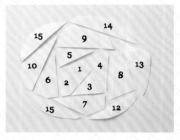

3 將多影印下的紙型A，沿著線條將布片剪開（共有15片），作為剪布用的小紙型。

4 取紙型2放置於2號花布正面，以珠針固定，外加1cm縫份剪下。

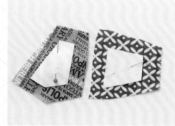

5 剪下的1號布和2號布。

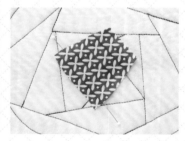

6 將1號布放在1號的位置上，四周要留縫份，由於記號線會被布片遮住，可用珠針做記號（別珠針的位置也就是車縫線的位置）。

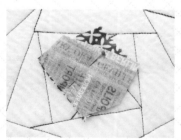

7 接著蓋上2號布，以珠針固定。

8 翻至背面，開始車縫1號和2號的交界線，並從布邊車縫到布邊，（不要只車縫到點到點）。

9 車縫完翻回正面，將縫份剪剩0.7cm即可。

10 將2號布翻回正面，縫份處以骨筆將布料刮平，多出的縫份以剪刀修剪至0.7cm即可。

11 若四周縫份太大、太多會導致製作過程不便，因此先以珠針做記號，再修剪四周的縫份。

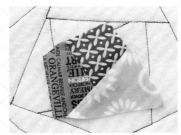

12 以相同步驟車縫上3號布。

13 以相同步驟，將15片布料都車縫完成。

14 使用紙型A（含縫份），在完成的表布背面畫上一圈完成線後，沿著完成線記號車縫一圈，（且中心記號及左右記號都要車縫）。

15 修剪掉完成線外多餘的部分。

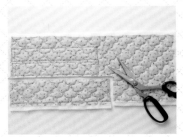

16 取紙型B和紙型C共用的表布進行鋪棉壓線，並以紙型B和紙型C進行定規（含縫份），沿著定規線車縫一圈後，剪掉線外多餘的部分。

17 裡布燙上薄布襯，再使用紙型B畫上兩片裡布，使用紙型C畫上一片裡布後，將兩片表布B和兩片裡布裡布B，上下車夾20cm的拉鍊，接著翻回正面在靠近拉鍊的布邊車縫一道裝飾線，其他週圍則進行疏縫（最右邊針位/5.0針距）。

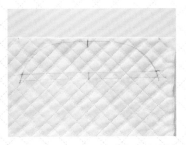

18 將紙型D和紙型E共用的表布鋪棉壓線，以紙型E進行定規（含縫份），沿著定規線車縫一圈，剪掉線外多餘的部分，即完成後袋身上部。

19 製作袋耳,使用紙型D畫上表布背面,在剪一塊D-1布與表布D正面相對後車縫U字型。

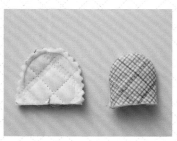

20 袋耳幅度處剪牙口再翻回正面。

21 袋耳邊緣車縫一圈裝飾線。

縫份內的鋪棉要盡量剪乾淨,但不要剪到表布了喔!

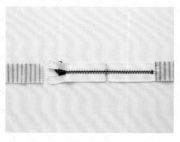

22 D-1表布剪下兩片2.5×5cm,對摺成2.5×2.5cm後,車在12cm拉鍊的尾端兩邊。

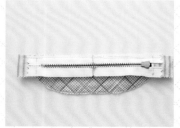

23 疏縫拉鍊(最右針位/5.0針距)至後袋身的上部(步驟18)。

24 以紙型E剪一塊裡布,與步驟23正面相對車合。

縫上拉鍊後多少可能都會有些誤差,因此請記得再使用紙型A定規一次,才能確保後片的布料和前片的尺寸相同。

25 翻回正面,在靠近拉鍊的布邊車縫一道裝飾線,布外圍處進行疏縫(最右車位/5.0針距)。

26 後袋身下部(表布F)的製作方法和上部相同,車上拉鍊並車縫裝飾線。

27 兩個袋耳分別疏縫(最右針位/5.0針距)至20cm拉鍊口部的兩端。

POINT!! 可先將頭尾兩端縫份裡的鋪棉和薄布襯盡量剪乾淨，才不會過厚影響車縫。

28 以紙型C剪一片裡布，裡布C和表布C頭尾夾車20cm拉鍊口部。

29 翻回正面。

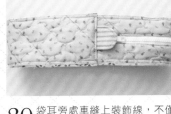

30 袋耳旁處車縫上裝飾線，不僅縫份摸起來不會過厚，也可讓袋型順暢一些，才不會造成表布和裡布摸起來有分離的感覺。

 **POINT!!** 中心點要相互對齊喔！

31 使用紙型A剪三片裡布，其中一片裡布正面與後袋身表布的背面相對疏縫在一起。

32 將表布A與裡布A夾車側身（步驟30），車縫一圈，在裡布處留一個10cm的返口。

33 縫份四周剪牙口（要盡量剪掉縫份內鋪棉，才不會導致過厚不好製作）後，縫份倒向袋面以捲針縫縫合。

34 從返口拉出袋子。

35 翻回正面，一邊即完成，另一片表布A與裡布A作法相同，車縫完成後也從返口拉出。

36 兩個返口都以貼縫縫合。

若熨斗的整燙效果不佳，可依著包包輪廓以木槌輕輕敲平，
袋身就會如同燙整過一樣。

側背也可以！

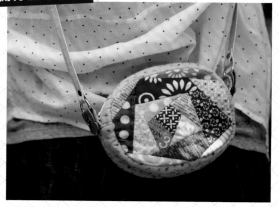

如果想要斜背可在袋耳處打上0.7cm的小雞眼或皮夾片，再
鉤上斜背帶就可以了。

TIP

如果覺得步驟32~35製作相當吃力，可在步驟31時直接把袋身前後片與步驟30的側身車合，縫份倒向
袋身前後片以捲針縫合，裡布A貼縫上內袋就完成了。

LESSON 7
TRIANGLE 三角形拼接圖形

·學習重點·

三種不同的快速車縫及裁切的方法
斜布的拼接與控制

三角形拼接圖形

完成圖

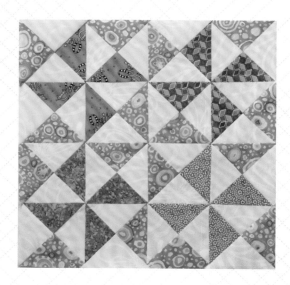

● 完成尺寸：29.5×29.5cm
　（未含縫份為28×28cm）
● 各色的布量：
　A白色素布：7.5×120cm（7.5×15cm 8片）
　B配色布：7.5×15cm（7.5×15cm 1片）
　C配色布：7.5×15cm（7.5×15cm 1片）
　D配色布：7.5×15cm（7.5×15cm 1片）
　E配色布：7.5×15cm（7.5×15cm 1片）
　F配色布：7.5×15cm（7.5×15cm 1片）
　G配色布：7.5×30cm（7.5×15cm 2片）
　H配色布：7.5×15cm（7.5×15cm 1片）
● 線材：#80或#90的車線
● 車針：11號
● 針趾花樣：直線縫
● 壓布腳：萬用壓布腳（J）
● 針距設定：1.8
● 縫紉機的廠牌和布料的厚薄度，都有可能影響
　縫份0.7cm的正確設定位置，請在上機前自行
　調整成0.7cm縫份的針位。

示意圖

| | A | | F | | A | | G | |
|G| |C|A| |F|B|A| |A|
| |A| |C| |A| |B| |
|C| |A| |B| |A| |
|A| |A|C|F|A| |A|B| |F|
| |F| |A| |F| |A| |
| |A| |F| |A| |F| |
|F| |E|A| |A|F|D|A| |A|
| |A| |E| |A| |D| |
| |E| |A| |D| |A| |
|A| |E|F|A| |A|D| |G|
| |G| |A| |F| |A| |

HOW TO MAKE

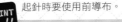
起針時要使用前導布。

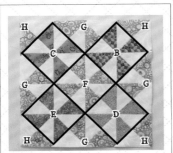

B、C、D、E、F做法相同，稱第一型，G為第二型，H為第三型。

1 製作第一型的三角形。先畫出A布的中心線，再畫出對角線，呈現倒V狀後，與一片C布正面相對，在對角線的兩邊各車出距離0.7cm的線條。

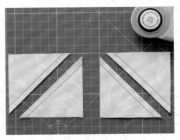

2 從中線將布片裁切成2組7.5×7.5cm的正方形布片，再從正方布片上所標示的對角線進行裁切。

3 攤開後縫份倒向C布（深色布）。

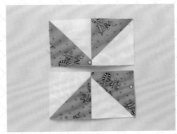

4 車縫左右兩邊的正方形，錯開縫份（上片縫份倒向右側，下片縫份倒向左側），熨燙好縫份後車縫上下片。

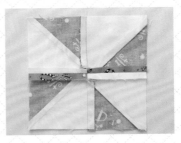

5 縫份倒向左右進行整燙。

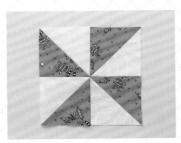

6 C布車縫後，依序車縫B、D、E、F布，各做1組第一型。

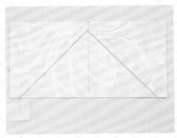

7 製作第二型三角形。畫出A布中線，再畫上對角線，呈現倒V狀後，與G布正面相對，在對角線單側車出距離0.7cm的線條。

8 從中線將布裁成2組7.5×7.5cm的正方形，再從正方形上已標示的斜對角處裁開。

9 先車縫左下角的A布，縫份往上倒（倒向深色布），再接縫右下角的G布，縫份到向G布即完成第二型三角形，共製作4組。

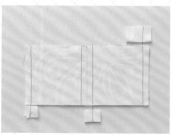

10 製作第三型三角形。先畫出A布的中線，再與H布正面相對，距中線的左右邊各0.7cm處車縫一條，最外的兩旁都車出0.7cm的線條。

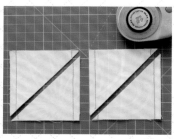

11 從中線裁開兩個7.5×7.5cm的正方形布片，再從斜對角處裁開，裁切的方向都是由左下角往右上角，不可隨意裁切。

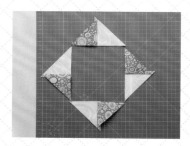

12 裁開後的4組三角形，縫份都倒向H布即完成第三型三角形，需製作4組。

13 分別將第一、第二、第三型三角形如示意圖排列。

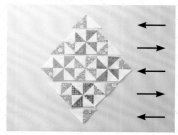

14 分開車縫每一排，同一排的縫份倒向同一個方向，但要錯開上下排縫份倒向，如箭頭所標示。

15 車縫上下排後熨燙縫份後，如圖左右燙開。

常見問題

Q1 製作三角形圖案遇到斜布與斜布一起車縫，車不準怎麼辦？

A 要從燙布開始注意，且一定要使用「燙衣漿」整燙布料，經過燙衣漿整燙後的布料，無論是橫布或斜布都比較不會產生彈性，會比較穩定好車縫。另外也要注意車縫線是否採用#80或#90的車縫線，車針是否有改換成11號車針，即可降低不準的情況。

Q2 為什麼車縫完的布片，風車中間處的尖角變成鈍角？

A 會變成鈍角一定是車縫過多的縫份，已超過0.7cm；反之若出現尖角不見，卻看到留白處的情況，就是縫份車縫小於0.7cm了，車縫時一定要注意。

LESSON7
作品.01

3C收納袋

完成尺寸：25cm（W）×17cm（H）

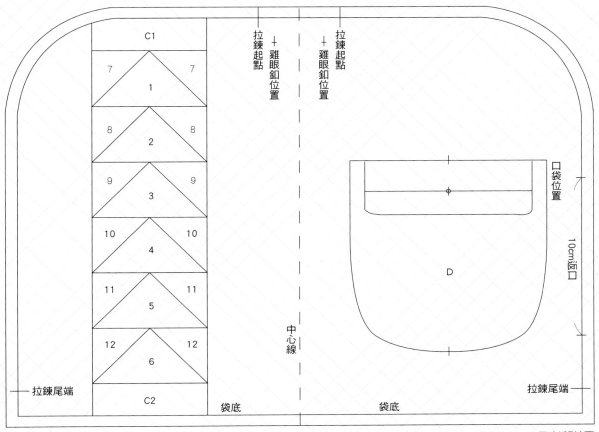

● 線材：#80或#90的車縫線→布料拼接・#50的車縫線→組合

● 壓布腳：萬用壓布腳（J）・暗針縫壓腳（L）・可調式拉鍊壓腳（I）

● 車針：11號→布料拼接・14號→組合

● 針趾花樣：直線縫

● 針位&針距設定：0.7cm針位／針距1.8→布料拼接・針位3.5／針距2.5→壓線・針位0.7／針距2.5→組合

● 材料

組別	編號	布料	用量
A	1~6	6種不同的配色布	5X 8.5cm 各1片
B	7~12	6種不同的配色布	5X 5cm 各2片

外袋身表布（8號帆布）：1尺

內袋身裡布（一般印花棉）：1/2尺

口袋用裡布（與表布同色的印花棉布）：20×15cm

拼布描圖壓線專用紙：20×20cm

薄布襯：30×50cm、洋裁襯：25×10cm、牛仔釦1組

長35cm的全開式拉鍊 1條・雞眼釦（內徑1cm）1組

寬0.7cm細皮帶 30cm・小固定釦1組

造型皮花 1片

HOW TO MAKE

POINT !! 本作品是採互補色和漸層色搭配。

POINT !! 此車縫法可減少對角布料因車縫而脫線或掉毛的情況。

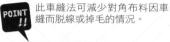

1 依材料表尺寸裁切。

2 每一片B布（No.7～12）都畫上斜對角線，將拼布描圖壓線專用紙墊於A布下方後，A布與B布正面相對並靠右對齊。

3 換上前開式的密針縫壓腳（才不會擋住視線），從拼布描繪壓線專用紙處起針（不回針也不需前導布），沿著對角線車縫，車到專用紙處再多車3~4針，即可不回針切線。

4 右邊三角留縫份0.7cm後剪掉，翻正三角形。

5 再取另一片B12布蓋到A6布對齊左邊，車縫方法與步驟3相同。

6 多出的三角形處，只留縫份0.7cm後進行修剪。

7 修剪完成圖。

8 翻正後進行燙整，其餘5組以相同的作法製作。

9 製作完成的6組。

此作品的表布和裡布採用同顏色的棉布，若希望袋蓋內外的花紋布同，也可用布同顏色的布料，且由於表布為帆布，所以裡布盡量採用較薄的棉布，否則會過厚。

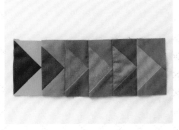

10 依序接縫成長一條，縫份全往上倒。

11 背面鋪上薄鋪棉（不需熨燙薄布襯），直接進行落針壓線即可，四周車縫一圈完成線。

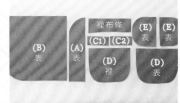

12 依紙型(A)~(E)剪下表布(帆布)和裡布：表布（A）1片、表布（B）1片（D）、表布（C1）1片、表布（C2）1片、表布（D）1片、裡布（D）X 1片、表布（E）2片、裡布條（2.5×13cm）1條。並另做一片紙型（D+）和完整的袋子全圖紙型（不含縫份）。

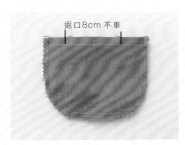

返口8cm 不車

13 換上#50的車線，表布D與裡布D正面相對，車出U字型（袋口需留返口8cm），弧度處剪牙口。

14 翻回正面，換上暗針縫壓腳，在袋口0.3cm處車縫出一道裝飾線。

不車

15 換上萬用壓腳車縫兩片袋蓋E，車出U字型，弧度處剪牙口；換上暗針縫壓腳，U型布邊0.3cm處車縫出一道裝飾線。

若沒有雙針，先畫上對角線的左右0.2cm處各畫一條線，直接壓在左右兩條線上，也可達到雙針的效果。

16 裡布條左右進來1.5cm處進行反摺，包住袋蓋口布，布邊對齊後在0.7cm處進行車縫。

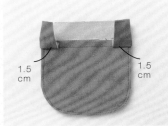

1.5 cm   1.5 cm

17 車縫完成的裡布條往上拉。

18 下摺裡布條，從袋蓋邊條車縫一道縫線，布條邊處並不需要特別車縫收邊。

POINT‼ 以紙型（D+）在B布表面畫出口袋位置，再將口袋固定於B布上。

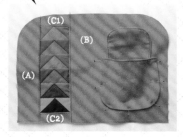

(C1) (B) (A) (C2)

19 C1布一邊縫份內摺0.7cm，以暗針縫壓腳在正面0.3cm處車縫裝飾線，依序車縫上C1布、C2布、A布和B布；在B布上確認袋蓋（袋蓋是翻開狀）位置後車縫邊緣固定，再以珠針固定口袋，車縫裝飾線。

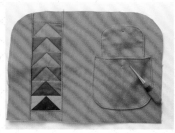

20 在口袋口的中間下降2cm處標上記號，以錐子戳洞。

21 可將牛仔釦的凸面打上口袋，在袋蓋中間1.5cm處打上牛仔釦的凹面。

POINT‼ 拉鍊頭尾兩端布料處，要記得內摺45度才會更漂亮。

22 在表袋上做好拉鍊位置記號，貼上水溶性雙面膠再黏合拉鍊（拉鍊與布料要正面相對）後進行疏縫（針距放大）。

23 內摺袋身，袋底角處4cm車縫處一道（即可產生寬度，更好裝東西）。

24 袋底角處剪裁至剩0.7cm的縫份即可。

25 以不含縫份的全圖完成紙型剪裁一片薄鋪棉，車縫固定於內袋身裡布後面，再以紙型定規並用縫份圈畫出0.7cm的縫份，剪掉多餘的布。

26 內摺袋子，內袋底角處4cm車縫一道。

27 袋底角處剪裁至剩0.7cm的縫份即可。

POINT!! 可隔布敲打，較不容易敲過頭。

28 表袋和裡袋都翻至裡面朝外後，將裡袋套入表袋，正面相對以強力夾夾好，換可調式拉鍊壓腳，車縫一圈，要留10cm的返口不車縫（避開轉角處和幅度處）。

29 轉角處和幅度處剪牙口後，從返口處翻出。

30 若帆布整燙效果不好可用木槌柄尾端輕輕敲軟敲扁尾端。

31 返口處以手縫處理，表布和裡布處都要貼縫。

32 針位移到可調式拉鍊壓腳右邊，沿著拉鍊邊緣的布邊上車縫一道裝飾線，接著袋子轉角離袋邊及摺邊各1.5cm處做記號，打上1cm內徑的雞眼釦。

33 細皮帶穿入雞眼釦內，頭尾互疊打洞。

34 固定釦穿入洞口後，一併將造型皮花打入固定。

TIP

本包款是使用全開式拉鍊，和夾克拉鍊一樣，要先套入才可以拉開，若不想這麼麻煩，可將拉鍊尾端塗上一點點快乾膠。

酒瓶袋

18cm（W）×31cm（H）×9cm（D）

＃示意圖

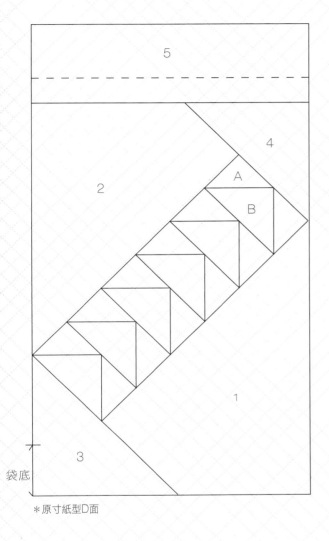

袋底

＊原寸紙型D面

● 線材：#80或#90的車縫線→布料拼接・#50
的車縫線→組合和裝飾線

● 壓布腳：萬用壓布腳（J）→布料拼接・暗針
縫壓腳（L）→裝飾線

● 車針：11號→布料拼接、14號→裝飾線及組合

● 針位＆針距設定：0.7cm針位／針距1.8→布料
拼接・中針位／針距2.5→壓線→0.7cm針位／針
距2.5→組合

● 材料

布料	用量	裁切尺寸
A米白布	4.5 × 110cm	4.5×4.5cm 24片
B六色配色布	各4.5 × 54cm	4.5×7.5cm 各2片
1～5單寧布-表布	40 × 110cm	
印花棉布-裏布	20 × 72cm	
鬱金香花飾用布	5×16cm	5×8cm 2片

薄布襯：20×72cm、薄鋪棉：16×20cm、寬1cm緞帶
140cm、穿帶器

HOW TO MAKE

1 分別對摺12片B布燙成
4.5×3.75cm後，再用2片A布上
下一起夾車B布。

2 使用前導布以不斷線的車縫法串連
2片A夾車B。

3 剪開B布縫份的摺雙處。

4 縫份往左右燙開。

0.7cm

5 撐開A布形成三角形，進行燙整，對齊A布和B布，B布三角頂處所留出的空白處就是0.7cm的縫份。

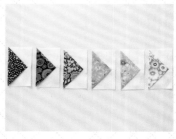

6 分別將車縫好的每一片進行整燙，共完成12組（袋子兩面各需要6組）。

7 6組排成一排，共做2排。

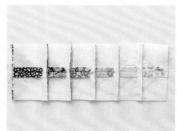

8 縫份倒向同一邊即可。

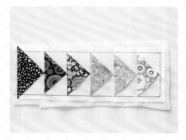

9 表布正面處畫上完成尺寸6×18cm（未含縫份），表布背面固定一塊薄鋪棉。

10 用膠版做1~5的紙型，在單寧表布的正面畫線，留縫份0.7cm後裁下，依虛線的位置，布邊0.7cm處進行燙摺。

11 將燙好邊的1號布放在三角形定規上，換上暗針壓線壓腳，沿單寧布邊車縫一道線。

12 以相同的作法車縫上2號布。

13 將5片單寧布車縫完成,即完成袋身;前後2片袋身作法相同。

14 三角形處微微壓線,不要讓布和棉分離即可,縫份處多餘的鋪棉可剪掉。

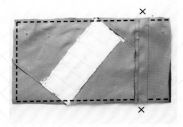

15 兩片完成的表布正面相縫合,留2cm穿帶處不車縫。

16 燙開縫份,兩側袋底摺成三角形,畫9cm直線後車縫一道,只留0.7cm的縫份,其餘剪掉。

17 兩邊2cm開口處周圍0.5cm處車縫一圈,壓住縫份。

18 內袋裡布取2片,與表布袋作法相同,一邊要留返口。

19 表、裡袋正面相對,對齊袋口並車縫一圈。

20 從返口處翻回正面。

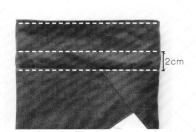

2cm

21 整燙完成後,袋口處車縫一圈裝飾線,2cm開口處上下各車縫一道。

22 將140cm的緞帶剪成2段，用穿帶器夾住緞帶一端從右邊穿入2cm的開口處，繞一圈後再從右邊出來。

23 再從左邊穿入緞帶，繞一圈後從左邊再穿出來。

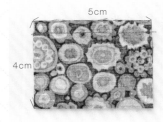

24 將2片5x8cm的鬱金香用布分別對摺後車縫。

25 布套成兩層，形成一個短短的布管子。

26 布邊0.5cm處以平針縫縫一圈，稍稍拉緊縫線縮起布料。

27 緞帶頭打結套入布管子，拉緊縮縫線固定後打結剪斷。

28 布邊中間處以對針縫縫2針，固定後往左右邊的中間處再對針縫2針固定。

29 完成的鬱金香花飾。

30 縫合內袋處的返口即完成。

LESSON 8

HEXAGON六角形拼接圖形

·學習重點·

點到點的車縫拼接法
縫份的風車倒向法
透明線的貼布縫

六角形拼接（Hexagon）圖形

- 完成尺寸：29.5×29.5cm
  （未含縫份為28×28cm）
- 各色的布量：
  A（白色素布）：29.5×29.5cm 1片
  B（配色布）：8.5×10cm 1片
  C（配色布）：8.5××10cm 6片
- 其他素材：薄膠版・安定紙30×30cm
- 線材：#80或#90的車線→布料拼接・透明線→
  貼布縫
- 車針：11號
- 針趾花樣：直線縫→拼接・貼布縫
- 壓布腳：萬用壓布腳（J）・密針縫壓腳（N）
- 針位和針距設計：針位0.7cm /針距1.8→布料直
  線拼接・針位1.5cm /針距1.5→貼布縫花樣

完成圖

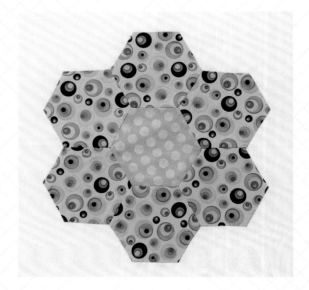

示意圖

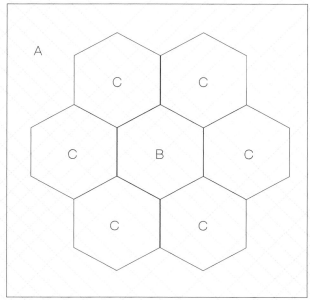

＊請放大368.5%，即為原寸紙型

HOW TO MAKE

1 在薄膠版上依紙型畫出六角形，外加0.7cm縫份後剪下；使用六角形膠版在每一片B布和C布背面畫出線條並裁切。

2 轉角處都畫上0.7cm的記號點。

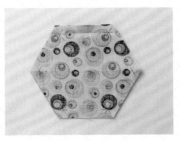

3 取一片B布和C布正面相對，從「點」車縫到「點」，起針和收尾皆以定點打結（取代回針縫），縫份往左右熨開。

4 接續第二片C布，同樣由「點」車縫到「點」，直接車過轉彎處的縫份，不需斷線，且起針和收尾皆以定點打結（取代回針縫），縫份往左右熨開。

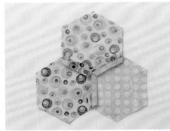

5 熨燙縫份。

6 重覆步驟3～5，續接C布。

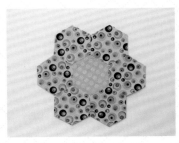

7 接縫完成後，在表布四周畫一圈0.7cm的縫份線。

8 依外圍縫份線往內燙摺。

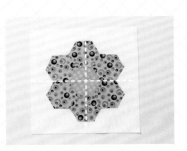

9 分別在A布和步驟8的六角形燙出十字線，再將兩片布片對齊十字線，以珠針或布用口紅膠固定。

10 換上密針縫壓腳和透明線，車縫花樣改為貼布縫，針位1.5，針距1.5，六角形貼縫於A布即完成。

常見問題

Q1 每一片布都要做「點」的記號很麻煩，有沒有其它方法可以變通呢？

A 可利用膠版製作未含縫份的版型，再直接在布後背畫出六角型後，以裁尺的0.7cm的刻度對齊所畫的線，一樣也可以把布裁好，且不用再多一個畫記號點的步驟，兩種方法可擇一使用。

Q2 如果縫紉機上找不到書中所標示的貼布縫花樣該怎麼辦？

A 書中所標示的貼布花樣是機縫貼布縫花樣中最能藏線的款式，若手邊的縫紉機沒有該圖案，也可用貼布繡（鋸齒縫）的花樣取代，但車縫起來的縫線是很密的外露狀，所以使用該花樣時，就不宜使用透明線，建議選用刺繡線。

六角花園小提袋

25cm（H）×30cm（W）×8cm（D）

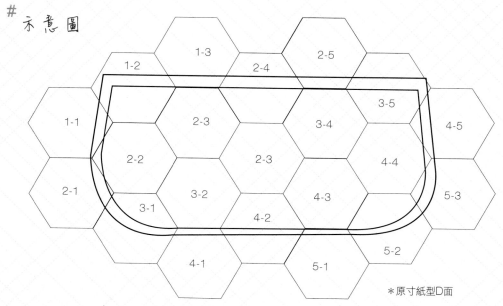

*原寸紙型D面

● 線材：#80或#90的車縫線→布料拼接．透明線→壓線．#30段染車線→壓線
● 壓布腳：萬用壓布腳（J）→布料拼接和組合．均勻送布齒→壓線．暗針縫壓腳（L）→車縫裝飾線
● 車針：11號→布料拼接．14號→鋪棉壓線裝飾線及組合
● 針趾花樣：直線縫
● 針位＆針距設定：針位0.7cm/針距1.8→布料拼接．中針位/針距2.5→壓線．0.7cm針位/針距2.5cm→組合

● 材料

布料	用量
配色布	7.5 X 9cm 21片

外袋身（帆布）：45×95cm 1/2碼
內袋身：2尺
20cm塑鋼拉鍊 1條、16cm塑鋼拉鍊 1條
1.5cm包釦 2顆、1.8cm包釦 1顆
美國厚紙襯 20×12cm
薄膠版 3×10cm（花朵底部）
寬2cm蕾絲 30cm、單膠鋪棉 30×40cm
洋裁襯 30×40cm、奶嘴釦（小）1組
小提把 1組

HOW TO MAKE

POINT !! 共製作21片各不同花色，作法可參閱P109。

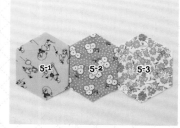

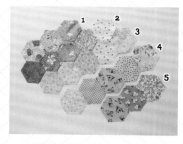

1 用薄膠版做出含縫份的紙型（六角形、花朵、包釦、底座），使用六角形膠版在每一片配色布上畫好六角形的線條並剪下。

2 依照示意圖排列六角布塊，一排一排車縫，車縫時從「點」車縫到「點」，起針和收尾都要定點打結。

3 五排都車縫完成後，依序車縫接成一個面；車縫時外圍的起針和結尾處，都要從布「邊」開始車縫，每個轉角處都要定點打結後切線結束，再翻開布的另一邊，反覆相同的動作。

4 接成一個面。

5 熨燙縫份，倒向如風車般。

6 表布燙上單膠棉，棉後再燙上薄布襯，換上透明線及均勻送布壓布腳後進行落針壓線。

POINT!! 可製造出較具立體感的六角形。

POINT!! 由於壓線後，尺寸會內縮一點，所以原先畫的完成線可能會不準，所以一定要記得再次重新定規。

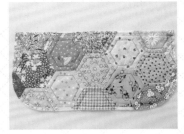

7 在每個六角形內使用消失筆畫上內縮0.7cm的線條，再換上#30段染車線，沿著線壓線。

8 使用紙型A（含縫份）畫出完成線進行定規，並沿完成線剪下。

9 周圍疏縫一圈。

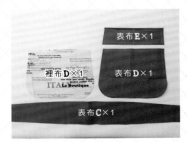

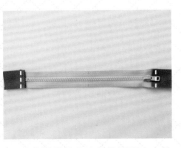

10 依紙型裁切出所需的表布、裡布。

11 再剪兩片3.5×5cm的表布，分別車縫於塑鋼拉鍊兩端。

12 整燙後換上暗針縫壓腳，在拉鍊與布交接處車縫一條裝飾線。

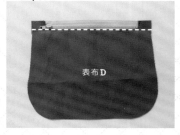

13 步驟13與表布D正面相對車縫後，翻回正面在布邊處車縫一道裝飾線。

14 表布E和裡布D夾車另一邊的拉鍊布，車縫完成後翻回正面，在拉鍊側布邊處車一道裝飾線，即完成後袋身。

15 表布側身C和後袋身對齊中線，兩端以強力夾固定後車縫。

16 車縫完成的後袋身正面。

17 車合兩片表布J，作成袋蓋，疏縫固定於後袋身的袋口處。

18 車合一片前袋身表布A與作法9的前袋身下半部。

19 縫份倒向上側，在帆布上車一道裝飾線。

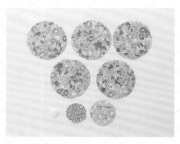

20 依紙型剪下花瓣。

21 對摺花瓣。

22 再對摺成1/4圓，5片花瓣都摺成1/4圓。

23 從布邊0.3cm處開始以平針縫縫花瓣（起針時不需回針）。

24 接縫花瓣，邊縫邊縮縐。

25 完成5片花瓣的縮縫。

26 包釦用布的外圈0.5cm處以平針縫一圈（針距不要太大），放入包釦。

27 拉緊縮縫，打結剪線即完成。

28 將包釦縫至花朵中間當花蕊。

29 以相同的作法縮縫花朵布和薄膠版。

30 將薄膠版貼到花朵後側。

31 以相同的作法做出另外兩朵後，以手縫將花朵貼縫至外袋身處固定。

32 車合外袋身與步驟17，即完成外袋。

33 裁切內袋所需用布（2片內袋貼邊用布表布E、2片內袋用布裡布G、2片內袋側邊貼邊表布H、1片內袋側身裡布I。

34 剪一片貼式口袋用布（F）與蕾絲（2×30cm）背面相對車縫，縫份約0.3cm。

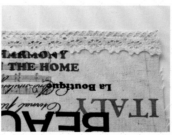

35 蕾絲翻到正面，布邊處車縫一道0.5cm的裝飾線。

36 對齊口袋布與內袋用裡布，從口袋布中線車縫一道作成兩個口袋，周圍以疏縫固定。

37 另一邊內袋製作一字型口袋。

38 內袋側身貼邊表布H分別車縫在內袋側身裡布I的兩端，縫份朝裡布，再壓上一道裝飾線（在裡布邊）。

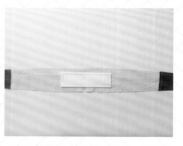

39 美國厚紙襯20×12cm摺雙成20×6cm，直接車縫在內袋側邊裡布I中間，加強袋底厚度。

POINT!! 由於帆布比較不好整燙，以木槌柄端隔布敲軟帆布。

返口

40 車合內袋貼邊用布表布E與2片裡布G，再與步驟39的側身車合成內袋，在直線邊處留一個15cm的返口（不車縫）。

41 內袋套入外袋正面相對，對齊袋口車縫一圈，從返口翻回正面。

42 袋口處車縫一圈裝飾線。

43 袋蓋（朝內袋面）縫上奶嘴釦的凸邊，凹邊縫在口袋貼邊（朝外面）中間。

44 依紙型A標示提把位置，縫上提把即完成。

六角花園小提袋
1.8cm
包釦布
1 片

六角花園
小提袋
底座
薄膠版
3 片

六角花園小提袋
大花
1 朵×6 片

原寸紙型

六角花園
小提袋
1.5cm
包釦布
2 片

六角花園
小提袋
六角形
21 片

六角花園
小提袋
花朵
底座布
3 片

六角花園小提袋
小花2 朵
1 朵×5 片
1 朵×6 片

歐夏蕾斜背包

22（H）×30（W）×8（D）.cm

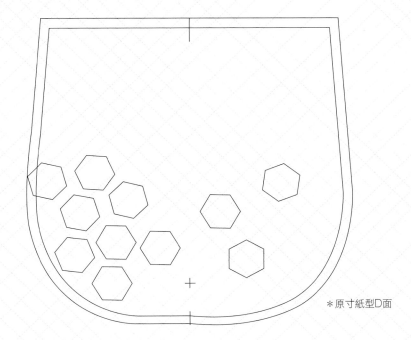

＊原寸紙型D面

● 線材：#40機縫刺繡線→毛毯邊縫和壓線・透明線→袋蓋部分的裝飾線・#50的車縫線→組合和裝飾線

● 壓布腳：萬用壓布腳（J）→包包組合・暗針縫壓腳（L）→車縫裝飾線・密針縫壓腳（N）→毛毯邊縫・可調式拉鍊壓腳（I）→拉鍊和滾邊

● 車針：11號→毛毯邊縫・14號→壓線和組合

● 針趾花樣：直線縫・毛毯邊縫

● 針位2.0/針距2.5→毛毯邊縫・0.7mm針位/2.5針距→組合

● 材料：

布料	用量
六角形配色布	3×3.5cm ×11色

外袋身（帆布）：3尺

內袋身：2尺

美國厚紙襯12×20cm

寬2cm皮布織帶長30cm

寬2.5cm皮布織帶長150cm

寬2.5cm日型環1個

4cm外徑活動圓環2個

連結皮片2片

固定釦6組

磁釦1組

麂皮滾邊繩90cm

奇異襯30×30cm

HOW TO MAKE

POINT!! 外袋身表布B標有合印記號，請先對齊兩片的合印點，再以膠帶黏貼起來。

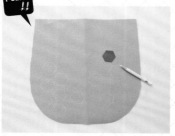

1 依照紙型裁切並製作薄膠版（2片袋蓋表布A、1片外袋身表布B、1片側身表布C、1片側身裡布C、1片後袋身表布D、1片後袋身口袋表布E、2片內袋身裡布D），再以六角形膠版標出位置，或以布用複寫紙將六角形複寫上表布A。

2 在奇異襯的紙面上畫六角形，多留一點空白剪下，直接燙到配色布上，再沿線條剪下。

3 撕下奇異襯背膠紙後，直接燙到表布A上。

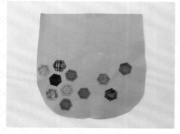

4 換上密針壓腳，以毛毯邊縫在每一個六角形輪廓都車縫一圈，再換上萬用壓腳在六角形內縮0.5cm處壓縫一圈。

5 換上可調式拉錬壓腳將麂皮滾邊疏縫於另一片表布A的U型邊。

6 兩片表布A正面相對車縫，幅度處都要剪牙口後翻回正面，再將針位調至可調式拉錬壓腳右邊，再換透明線，在麂皮滾邊0.2cm處壓一圈裝飾線。

表布B

7 如圖表布B摺疊，摺疊好的尺寸要和紙型D一樣。

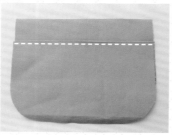

8 B布的摺邊車一道裝飾線（作為製作前口袋處，要抓起來獨立車縫）。

9 翻到背面掀開☆記號布片，獨立車縫中線（不可連☆記號布片也車縫進去）。

10 袋底打摺車縫，抓出立體感（從包包正面是看不見分開口袋的中線）。

11 縫合側身表布C和前袋身，將磁釦凹邊固定離袋底4cm處。

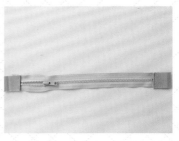

12 剪裁兩片3×4cm的表布，與拉鍊正面相對車縫，表布翻到正面，車縫一道裝飾線固定。

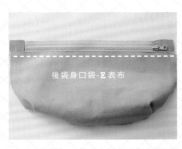

13 後袋身口袋表布E和拉鍊正面相對後車縫拉鍊，布邊車縫一道裝飾線。

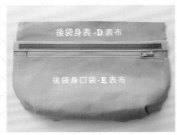

14 將E表布與D表布疏縫，再將皮織帶的下邊車縫在另一側的拉鍊上（使用暗針縫壓腳）。

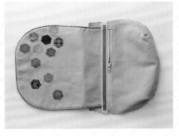

15 將步驟6的袋蓋放入織帶內，以暗針壓腳縫合即完成。

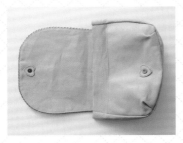

16 磁釦固定於袋蓋3cm處，即完成外袋身。

17 車縫兩片內袋裡布D打摺處，內袋兩邊分別製作20cm的一字型口袋和貼式口袋。

18 美國厚紙襯12×20cm摺雙成6×20cm車縫固定在側身裡布正中間。

19 車縫內袋在袋底留返口約15cm。

20 內袋與表袋正面相對，袋口對齊車縫，再從返口拉出，車縫一圈裝飾線，縫合返口。

21 將連接皮片固定在側身。

22 將長皮織帶穿入活動環，反摺織帶摺邊3cm打上固定釦。

23 皮布織袋穿入日型環。

24 再穿入另一邊的活動圓環。

25 再穿入日型環後，反摺打上固定釦即完成。

LESSON 9
PARALLELOGRAM
平行四邊形拼接圖形

· 學習重點 ·

以45度角切割布料的技巧
點到邊的的車縫方法
摺入縫份的貼布縫

平行四邊形圖形

● 完成尺寸：29.5×29.5cm

（未含縫份為28×28cm）

● 各色的布用量及裁切片數：

A1（白色或浮水印）：9.7×29.1cm

（請裁9.7×9.7cm 3片）

A2（白色或浮水印）：10.7×10.7cm

（可斜對角切成兩個大三角型）

A3（白色或浮水印）：8.3×8.3cm

（可斜對角切成兩個大三角型）

A4（白色或浮水印）：15.5×15.5cm

B印花棉布：7.3×60.4cm

（可裁成4片平行四邊型）

C印花棉布：7.3×60.4cm

（可裁成4片平行四邊型）

D印花棉布：3×21.2cm

E印花棉布：7×7cm

● 其他素材：薄膠版、冷凍紙、燙衣漿

● 線材：#80或#90的車線、#100的貼縫絲線

● 車針：11號

● 針距花樣：直線縫、貼布縫

● 壓布腳：萬用壓布腳（J）、前開式壓腳（N）

● 針位和針距設計：針位0.7cm/針距1.8cm→布

料拼接‧針位1.0/針距1.2→貼布縫

完成圖

示意圖

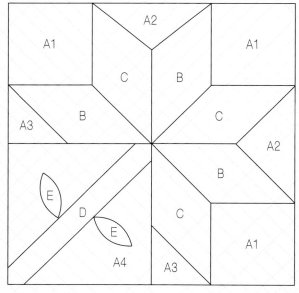

＊請放大368.5%，即為原寸紙型

HOW TO MAKE

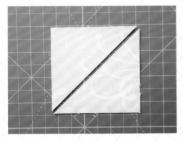

1 將已裁成正方形的A2布、A3布，再斜切成兩片三角形。

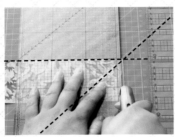

2 B布和C布右側對齊裁墊45度角與直線交接處，從右邊修正布料。

3 尺對準45度角，斜切布料。

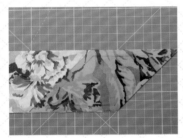

4 用膠版製作版型，對齊布料。

5 左手拿尺靠近版型，確定位置後移開版型，但尺不可移動，即可進行裁切。

POINT!! 開始接縫後，車縫至點或從點處起針時，都要定點打結避免脫線。

6 做法同步驟2～5分別裁出各3片B布和C布。

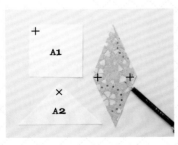

7 每一片裁好的布片的轉角處都要畫上0.7cm的記號位置。

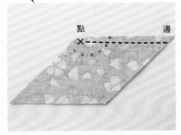

8 B布與C布正面相對後車縫，由布邊車到記號點即可。

9 三組B布和C布，分別以邊到點的方式車縫，縫份皆倒向C布。

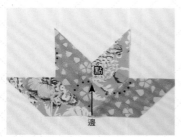

10 拼接兩組以邊到點的方式車縫，縫份皆倒向C布。

11 將A2布從邊車到點後定點打結斷線，再從點起針並定點打結後，車縫到另一邊的布邊，縫份皆倒向B布和C布，A3布再與B布以邊到邊的方式車縫。

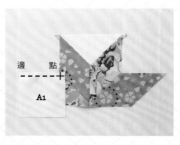

12 車縫兩片A1布，以邊車到點方式進行車縫，並在點位定點打結後斷線。

13 將A1布轉向對齊C布布邊，以點車縫到邊的方式進行車縫，右邊轉角的A1布先不車縫（要依序製作縫份倒向才會正確）。

14 縫份的倒向。

15 翻回正面，察看是否正確。

16 複寫花莖和葉子於A4布上，且A4布邊四周要畫出0.7cm的縫份線。

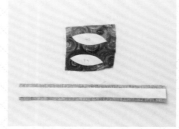

17 在冷凍紙的紙面上畫兩片葉子及花莖（記得畫的方向要相反），再將兩片葉子的冷凍紙燙到E布背面，花莖的冷凍紙燙到D布背面，並在外圍留下縫份。

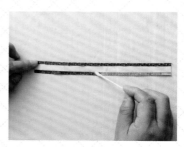

18 以棉花棒沾取燙衣漿塗抹在花莖的縫份上，需要塗至全濕的狀態。

19 以熨斗燙過沾上燙衣漿的部分後，布料倒向冷凍紙的方向。

20 撕掉冷凍紙後，縫份即會呈現很平整的狀態。

21 兩片葉子作法相同，但由於帶有弧度所以要先剪牙口（剪平葉子兩端即可）。

 POINT !! 以BrotherQC-1000而言，針趾：Q-12，針位：1.0，針距：1.2。

22 將縫紉機針趾改成貼布縫用，並使用#100的貼縫絲線。

23 將貼縫完成的A4布與B布、C布車縫起來。

24 車縫上下兩個部分後，最右邊的A2布作法同步驟11車縫。

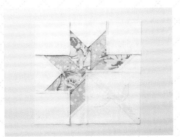

25 分別車縫兩片A1布，作法同步驟12、13。

26 縫份倒向。

常見問題

Q1 什麼是「邊到邊」、「點到點」和「邊到點」的車法有何不同？

A 圖型若沒有轉角也就不會有插入布片車縫的問題，因此多以「邊到邊」的車法（Lesson4~7都是）；「邊到邊」也就是布邊車縫到布邊的方法，此作法是為了讓縫份非張開的狀態，作品會比較平整，也不容易產生縫份倒向不容易整燙的問題，才不會造成作品產生鬆動，導致尺寸不準的情況。

「點到點」的車縫，則是指布邊向內0.7cm處的點車縫到另一端的布邊0.7cm處的點，不可車過頭，若超過就會造成很難再插入其他布片或整燙的情況。

「邊到點」（同於點到邊），是指從邊處開始車縫或從點處開始車縫。若由布邊開始車縫則表示不需再插入其他布片，所以可以把布邊車住，也不會讓縫份不好整燙；車到點處停止，就表示此處會再插入一片布片，常用於星狀或多邊形的圖形上。

Q2 縫紉機的回針打結和定點打結有何不同？

A 縫紉機有回針打結與定點打結兩種針趾，而本書所示範的拼接，為了減少尺寸誤差，也為了車縫的速度，多以前導布的方式取代迴針打結；而定點打結也只限於邊到點、點到點的車縫法，這是為確保轉角的線不容易鬆脫。而且就算是邊到點的車縫，布邊也不可用定點打結，最好是以前導布起針。

星星室內拖鞋

完成尺寸：9cm（W）×24cm（H）

示意圖

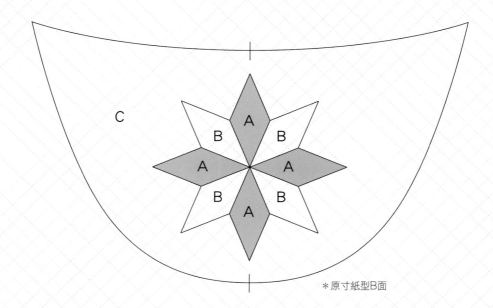

*原寸紙型B面

- 線材：#80或#90的車縫線→布料拼接．#50或#60的車縫線→組合和壓線．透明線或#100純絲線→貼布縫
- 壓布腳：萬用壓布腳（J）→布料拼接和組合．均勻送布壓布腳→壓線．前開式壓腳→貼布縫．暗針縫壓腳 →車裝飾線
- 車針：11號→布料拼接和貼布縫．14號→鋪棉壓線及組合
- 針距花樣：直線縫、貼布縫
- 針位&針距設定：0.7cm針位／針距1.8→布料拼接．中針位／針距2.5→壓線．針位0.7cm／針距2.5cm→ 組合、針位1.0/針距1.2→貼布縫
- 材料

布料		用量
A		3.4X 42cm
B		3.4X 42cm
C表布		25X 34cm
C裡布		25 X 34cm
D表、裡布		60 X 60cm

註：裡布C、表布D和A布採用相同花色的布料

鋪棉1尺

薄布襯30×70cm

美國厚布襯30×50cm

薄膠版1片

燙衣漿少許

HOW TO MAKE

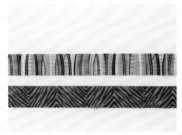

1 以材料表裁出A布和B布,長度可預裁多一些。

2 對準裁墊45度角,每3.4cm裁下一片,A布和B布分別裁下四片。

3 A布和B布部分別從邊到點進行車縫,縫份都倒向B布。

不讓布料疊到太厚,壓線時才不容易跳針。

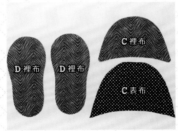

4 將步驟3完成的部分兩兩相接,以邊到點的方式車縫,縫份倒向B布,接著上下兩片以邊到點的方式車縫,縫份倒向兩側。

5 以膠版製作紙型C和紙型D,如紙型大小剪下布片,由於D布有分內外,請一併標上記號。

6 在表布D上畫出紙型D的線條,背面鋪上兩層棉,鋪棉背面燙上薄布襯以珠針固定,即可在鞋底範圍內壓線。

7 壓線後沿著鞋底輪廓壓縫一圈。

8 沿著壓線外修剪掉多餘的部分。

9 將步驟4完成的星星布片外圍處塗上燙衣漿。

壓線後尺寸可能會內縮一點，所以原先畫的完成線可能會不準，所以一定要記得再次重新定規。

10 縫份摺入整燙收邊。

11 以珠針將星星布片固定於表布C正中間，以貼布縫縫合。

12 鋪上鋪棉和薄布襯後進行壓線以紙型C畫完成線進行定規。

13 沿著完成線車縫一圈後，剪掉多餘的部分。

14 表布C與裡布C正面相對車縫一圈。

15 剪掉縫份內的鋪棉和薄布襯，但小心不要剪掉表布，剪牙口。

16 鞋口部分車縫一道裝飾線，鞋頭先進行疏縫（針位7.0、針距5.0）。

17 鞋面和鞋底進行疏縫（針位7.0、針距5.0）。

18 步驟17與裡布D正面相對車縫一圈，鞋跟處留返口不車縫。

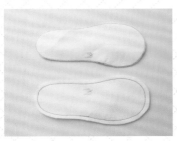

19 以紙型D剪四片美國厚紙襯，畫上內縮1cm的線圈，分別將兩片疊行，沿線車縫一圈，再剪掉線外多餘的部分。

20 步驟19塞入鞋內後貼縫返口。

21 貼縫完成。

22 在鞋底底點上防滑膠，待膠乾後就可以穿了。

TIP

若沒有防滑膠，可在修鞋店車縫上塑膠鞋底，鞋面再噴上防潑水劑，就可以穿出戶外了！

LESSON9
作品.02

小蓋毯
完成尺寸：81.5（W）×83.5cm（H）

示意圖

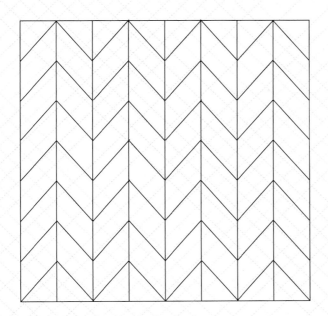

● 線材：#80或#90的車縫線→布料拼接、#50或#60的車縫線→壓線和滾邊
● 壓布腳：萬用壓布腳（J）→布料拼接、均勻送布壓布腳→壓線和滾邊
● 車針：11號→布料拼接、14號→鋪棉壓線及滾邊
● 針趾花樣：直線縫
● 針位＆針距設定：0.7cm針位／針距1.8→布料拼接、中針位／針距2.5→壓線和滾邊

● 材料：

	布料	用量
A		9.5X 110cm 2條
B		9.5X 110cm 2條
C		9.5X 110cm 2條
D		9.5X 110cm 2條
E		9.5X 110cm 2條
F		9.5X 110cm 2條
G		9.5X 110cm 2條
H		9.5X 110cm 2條

滾邊用布2尺
後背布1Y
鋪棉1Y

HOW TO MAKE

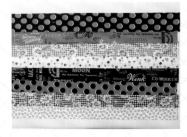

1 依材料表裁好8條不同顏色花紋的印花棉布。

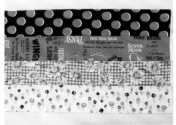

2 決定布料配色後分成A、B兩組，每組各4條，分別車縫在一起（A組拼接完成）。

3 B組拼接完成。

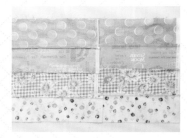

4 同一組兩大片拼接布，一片縫份倒向左側，一片倒向右側；A、B兩組分別進行整燙。

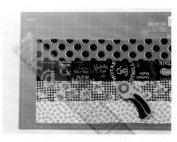

5 縫份倒向左側放在裁墊上（正面朝上），布片的左上角放對齊裁墊的45度角後，以尺對準45度斜線裁下第一刀。

6 再依布料的斜度，每9.5cm就裁一刀。

7 正面裁布，需裁成4條。

 POINT!! 此時一組會有8條布條，4條是由正面裁切的，4條是由背面裁切的。

8 縫份倒向右側的那一片拼接布放在裁墊上（背面朝上），以尺輔助對齊裁墊上45度角後，裁下第一刀。作法同步驟6，背面也需裁成4條。

POINT!! A組拼接B組共有8條，4條是正向，4條是反向。

9 分別接縫A組和B組的布條，拼接時從布邊0.7cm開始縫到另一布邊的0.7cm處（並非尖角處車縫到尖角處）。

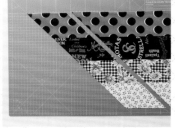

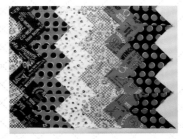

10 分別取一條正向一條反向正面相對，從邊車縫到邊，縫份處要相互錯開不要疊在一起。

11 縫份倒向兩側，作法同步驟10製作成4片。

12 接縫步驟11的四片布料，即完成表布。

 POINT!! 若是要蓋在身上的被子就不要使用透明線或金蔥線壓線，改用一般車線或刺繡線。

13 先將頭尾處裁齊（不要留尖角），在表布背後放上鋪棉與後背布三層一起疏縫後，進行落針壓線（使用均勻送布壓布腳，中針位，針距2.5），壓線後，再畫上完成線81.5×83.5cm（已含縫份），接著用縫紉機沿完成線疏縫一圈（最右針位，針距5.0），最後，將線外的布料與鋪棉裁剩到1cm。

14 裁出寬6cm的布條，接成380cm後，將寬度對摺成3cm，再對齊滾邊條與完成線車縫一圈。

15 貼縫滾邊後即完成。

碎布輕鬆玩

裁完4條寬9.5cm的布條後，兩端會剩下兩大片三角形，可以將它們通通拼接起來，再配上其他布料，就可做成抱枕、枕頭等小物。

LESSON 10
綜合運用

樣品拼被（Sampler Quilt）
86.5cm（W）×117.5cm（H）

＃示意圖

			E		

線材：線材：#80或#90的車縫線→布料拼接・透明線→壓線

● 壓布腳：萬用壓布腳（J）→布料拼接・均勻送布壓布腳→壓線・前開式自由曲線壓腳→壓線

● 車針：11號→布料拼接・14號→壓線

● 針位&針距設定：0.7cm針位/1.8針距→布料拼接・中針位/2.5針距→壓線

● 針趾花樣：直線縫

● 材料

布料		用布量	裁切尺寸&數量
A		LESSON4～9所完成的PATTERN	6片
B		4.5X 54cm	4.5X 4.5cm 12片
C		1尺	4.5X 29.5cm 17條
D		2尺	11.5X 97.5cm 2條
E			11.5X 86.5cm 2條
三角形		1尺	7.5×7.5cm 54片
後背布		4尺	90X 120cm 1片
後背條			20×81.5cm 1片
滾邊布		2尺	6×450cm 1條

註：用布量可多準備一些，裁切尺寸則務必準確。

鋪棉：4尺

HOW TO MAKE

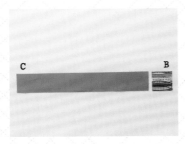

1 依素材尺寸表裁切布片。

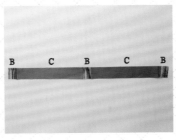

2 依序交錯排列B布C布，縫份倒向C布，共製作4條。

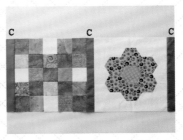

3 取出製作完成的拼接圖形和C布邊條車合，縫份倒向C布，共製作3片。

4 車縫步驟2和步驟3，縫份倒向小邊條。

5 表布接合完成。

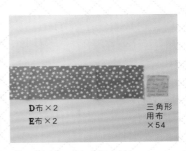

6 依素材尺寸表裁切布片。

POINT!! 噴上稀釋過的燙衣漿後整燙效果更佳。

7 將正方形摺成三角形，再對摺成更小的三角形後，以熨斗整燙。

8 以消失筆在布邊0.7cm處畫上一道線（正反面都要畫）。

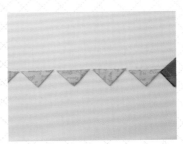

9 從前導布起針，以不斷線車縫法串連所有三角形（車縫位置約0.5cm）後，剪斷車線分開三角形。

POINT!! 若疊到最後，發現太多或不夠就稍微調一下三角形位置即可。

10 步驟9的三角形從表布的轉角0.7cm處開始擺放，一個疊著一個，開口朝同一個方向，以珠針固定（上下各疊11個，左右各疊16個）。

11 車縫上大邊條D布，翻正後整燙，縫份倒向小橋樑處。

12 再將2條大邊條E布，翻正後整燙即完成表布。

13 疏縫表布、鋪棉、後背布三層。

14 鋪棉和後背布通常會比表布多一點，最好先摺邊進行疏縫（否則很容易因摩擦拉扯造成變形或掉棉）再換上均勻送布壓腳和透明線就可以從大格處進行落針壓線。

15 小木屋圖案內落針壓縫，只需要回字型即可，呈現出立體感。

16 三角形圖形內進行落針壓線後，再加上一點變化，呈現出如風車動感的畫面。

17 平行四邊形圖案周圍留白較多，以壓線增加畫面豐富度，可利用不同的壓線方向變化營造不同效果。

18 直線拼接圖案落針壓線後，在圖案內再次壓線增加變化性。

POINT!! 若沒有雙針，也可先用消失筆畫上對角線，在現兩側0.3cm處壓上一道線，也能表現出雙針的效果。

 POINT!! 若對自由曲線壓縫沒把握者，也可以用直線壓縫。

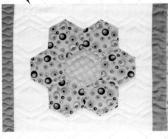

19 四角形圖案內，使用寬0.6cm的雙針進行對角壓線，讓平面的方格產生立體效果。

20 在六角形圖案內進行壓縫。邊條處使用自由曲線壓縫（Free Motion）。

21 三角形沿邊0.5cm處壓線，大邊條處則以自由曲線或壓直線。

22 畫上完成線（邊條需為10cm）依10cm畫出整圈的完成線，先沿完成線車縫一圈，再多留1cm的布和鋪棉，其餘裁掉。將6×450cm的斜布條對摺燙成3×450cm，對齊滾邊布和完成線後車縫。

23 後背條20x 81.5cm正面相對摺燙成10 x 81.5cm，車合左右兩端，將布條翻正整燙好，與Sampler Quilt後背上端與滾邊條對齊完成線後車合，後背條的另一側布邊則以手貼縫。

24 滾邊後背處以手縫進行貼縫。

鄉村玫瑰桌旗

45cm（W）×105cm（H）

示意圖

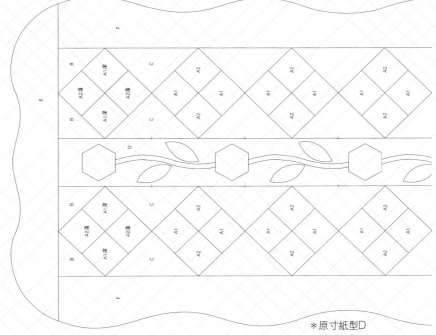

＊原寸紙型D

- 線材：#80或#90的車縫線→布料拼接・透明線→壓線・#40機縫刺繡線→毛毯邊縫
- 壓布腳：萬用壓布腳（J）→布料拼接・均勻送布壓布腳→壓線・密針壓縫壓腳（N）→貼布縫和車縫水兵帶
- 車針：11號→布料拼接和貼布縫・14號→壓線
- 針趾花樣：直線縫・毛毯邊縫・鋸齒縫
- 針位＆針距設定：0.7cm針位/1.8針距→布料拼接・中針位/2.5針距→壓線・1.5針位/1.0針距→貼布縫。

- 材料：

布料	用量	裁切尺寸＆數量
A1深色×4種、A2淺色×4種	各5.5×44cm	各5.5×44cm1片
B	8.2×32.8cm	8.2×8.2cm×4片，再斜切對角線成三角形8片
C	10.5×147cm	10.5×10.5×14片，再斜切對角線成三角形28片
D	7.5×91.9cm	1片
E	10×45cm	2片
F	10×91.9cm	2片
花	4×30cm	1片
葉	5×20cm	1片
花莖	1.5×15cm（斜布條）	5條
滾邊	4×310cm（斜布條）	1條
後背布	50×110cm	1片

薄鋪棉：50×110cm、奇異襯：30×30cm、水兵帶長250cm、拼布描圖壓線專用紙1張、薄膠版、6mm滾邊器
18mm滾邊器、布用口紅膠

HOW TO MAKE

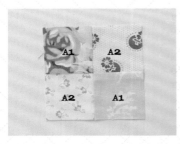

1 分別車合A1和A2作成4組，縫份倒向深色布，再裁成每9.5cm裁一刀，做成8組5.5×9.5cm（4組配色的作法相同，共作成32組），接著兩兩車合，縫份往左右燙開。

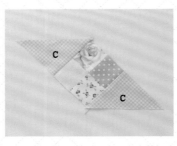

2 車合製作完成的A布和2片C布，縫份倒向C布。

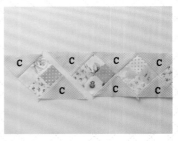

3 與C布連接的組合共有6組，接成一長條，縫份往左右燙開，共製作2條。

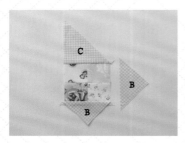

4 車合A布和2片B布、1片C布，縫份倒向C布，共製作4組。

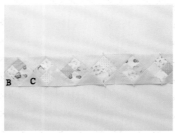

5 將步驟3和步驟4的頭尾車合，縫份往左右燙開，共製作2條。

6 用薄膠版作成六角形（花朵），在奇異襯紙面畫出連續6個六角形，再將奇異襯燙到花朵布背面。

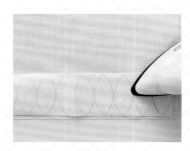

7 用膠版製作葉子版型，在奇異襯紙面連續畫出10片葉子，再將奇異襯燙到葉子布背面。

8 剪下燙好襯的花朵和葉子（暫不撕開奇異襯）。

9 5條1.5×15cm的斜布條以6mm的滾邊器熨燙。

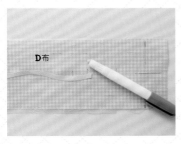

10 以布用複寫紙將紙型D複寫到D布上，再將步驟9完成的滾邊條以口紅膠黏貼到D布上，換上密針縫壓腳和#40機縫刺繡線，選擇毛毯邊縫花樣後，車縫花莖的兩側。

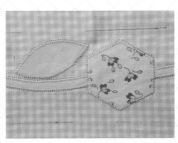

11 撕開花朵和葉子背面的奇異襯，燙貼到D布上以毛毯邊縫車縫。

12 進行毛毯邊縫時，D布背面放上一張安定紙，才不容易變縐，完成後撕掉安定紙。

13 毛毯邊縫完成後，D布再重新定規為6×90.4cm，外加縫份0.7cm後裁下。

14 車縫步驟5的2條和步驟13的1條。

15 縫份倒向中間毛毯邊縫處。

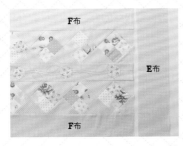

16 車縫上2條10×91.9cm的長邊條F布，縫份倒向邊條後，再車縫2條10×45cm的短邊條E布。

17 縫份倒向邊條處。

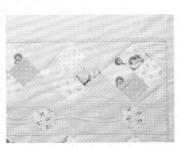

18 換上透明線和密針縫壓腳，選鋸齒縫花樣，將水兵帶車縫於落針處。

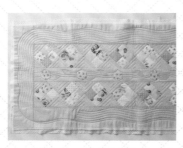

19 表布背面鋪上薄鋪棉和後背布，進行疏縫後，換上均勻送布壓腳和透明線，進行落針壓縫後再隨各人喜好壓線。

20 壓完線後以邊條E和F紙型畫出曲線，車縫一圈後外加0.7cm後車縫一圈，線外多餘處剪掉。

21 斜布邊4×310cm以18mm滾邊器製作滾邊條，換上萬用壓腳，中針位後，將滾邊條與作品外圍對齊，開始車縫。

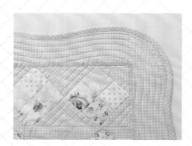

22 包邊完成。

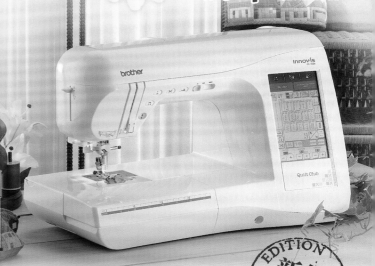

▲教室設備完善、環境寬敞明亮、師資教學經驗豐富，各式拼布手作課程推陳出新，創意拼布輕鬆好學習！

台灣拼布網

美日進口拼布布料、工具配件之零售，方便的線上購物，以及寬敞明亮的實體店面，各種拼布手作課程皆由專業資深講師授課，歡迎參觀！

手縫拼布

 各種機縫拼布包包課程

 各種機縫拼布包包課程

 機縫拼布被課程

藝術拼布課程

 機縫證書課程

各種拼布
手縫拼布課程

HAPPY DIY 45

一定要學會的機縫拼布基本功
——超圖解教學，完美拼接零失誤

作　　者　郭芷廷・賴淑君
總 編 輯　張淑貞
主　　編　許貝羚
責任編輯　方嘉鈴
美術設計　林佩樺
攝　　影　王正毅
紙型製作　小　芸
行銷企劃　黃昱禎・黃妍瓊

發 行 人　何飛鵬
社　　長　許彩雪
出　　版　城邦文化事業股份有限公司　麥浩斯出版
E - m a i l　cs@myhomelife.com.tw
地　　址　104台北市民生東路二段141號8樓
電　　話　02-2500-7578
發　　行　英屬蓋曼群島商家庭傳媒股份有限公司城邦分公司
地　　址　104台北市民生東路二段141號2樓
讀者服務專線　0800-020-299（9:30AM~12:00PM；01:30PM~05:00PM）
讀者服務傳真　02-2517-0999
讀者服務信箱　E-mail：csc@cite.com.tw
劃撥帳號　1983-3516
劃撥戶名　英屬蓋曼群島商家庭傳媒股份有限公司城邦分公司香港發行
　　　　　城邦〈香港〉出版集團有限公司
地　　址　香港灣仔駱克道193號東超商業中心1樓
電　　話　852-2508-6231
傳　　真　852-2578-9337
馬新發行　城邦〈馬新〉出版集團Cite(M) Sdn. Bhd.(458372U)
地　　址　11, Jalan, 30D/146, Desa Tasik, Sungai Besi, 57000 Kuala Lumpur, Malaysia.
電　　話　603-90563833
傳　　真　603-90562833

製版印刷　凱林印刷事業股份有限公司
總經銷　　高見文化行銷股份有限公司
電　　話　02-26689005
傳　　真　02-26686220
版　　次　初版一刷 2012年08月
定　　價　新台幣380 元／港幣127元

Printed in Taiwan
著作權所有 翻印必究（缺頁或破損請寄回更換）

一定要學會的機縫拼布基本功：超圖解教學，完美拼接零失誤/ 郭芷廷, 賴淑君著. -- 初版. -- 臺北市：麥浩斯出版：家庭傳媒城邦分公司發行, 2012.08
　面；　公分
ISBN 978-986-5932-10-7(平裝)
1.拼布藝術 2.手工藝
426.7　　　　　　　　　　　　　　101014782

104 台北市民生東路二段141號8樓

一定要學會的 **機縫拼布基本功**

英屬蓋曼群島商家庭傳媒股份有限公司城邦分公司 收

TEL:(02)2500-7578　　FAX:(02)2500-1915

讀者抽獎回函卡

請完整填寫下列資料及問題後【影印無效】，

於2012年10月31日前【以郵戳為憑】將回函寄回

104台北市民生東路二段141號8樓，就有機會獲得大獎。

姓名：＿＿＿＿＿＿＿＿＿＿＿＿＿＿＿＿＿　　性別：□男　　□女

E-mail：＿＿＿＿＿＿＿＿＿＿＿＿＿＿＿＿＿＿＿

聯絡電話：（日）＿＿＿＿＿＿＿＿＿＿＿　　（夜）＿＿＿＿＿＿＿＿＿

　　　　　（手機）＿＿＿＿＿＿＿＿＿＿＿

聯絡地址：（請寫郵遞區號）

　　　　　＿＿＿＿＿＿＿＿＿＿＿＿＿＿＿＿＿＿＿＿＿＿＿＿＿

年齡：□22歲以下 □23-30歲　□31-40歲　□41-50歲　□51歲以上

職業：□軍公教　□資訊業　□金融業　□營建業　□服務業　□製造業

　　　□傳播業　□貿易業　□通訊業　□家管　　□學生　　□其他

學歷：□國中以下　　□高中／職　　□大專院校　　□碩士以上

個人平均年收入：□25萬元以下 □25-50萬元　□50-75萬元　□75-100萬元

　　　　　　□100-125萬元　□125-150萬元　□150萬元以上

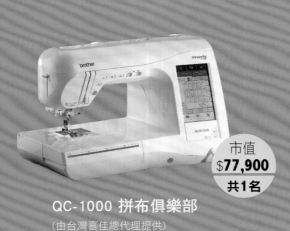

市值
$77,900
共1名

QC-1000 拼布俱樂部
（由台灣喜佳總代理提供）

市值
$13,200
共2名

德國進口
Gutermann刺繡壓線盒組
（由台灣拼布網提供）

市值
$2,800
共3名

Ginher裁刀
（由台灣拼布網提供）

Q1 請問您從何處得知本書？
　　□書店　□雜誌廣告　□網路　□電子報　□親友介紹　□其他
Q2 請問您從何處購得本書？
　　□博客來網路書店　□誠品書店　□誠品網路書店　□金石堂實體書店
　　□金石堂網路書店　□城邦書店　□城邦讀書花園　□其他
Q3 請問您之前有買過麥浩斯的手作書籍嗎？
　　□有，書名 ＿＿＿＿＿＿＿　□沒有，第一次購買
Q4 請問您購買本書的原因為？
　　□主題符合需求　□封面吸引　□內容豐富　□喜歡書中作品　□喜愛作者□價格合理　□其他
Q5 您還想看到麥浩斯出版哪方面的手作書籍？（可複選）
　　□縫紉技法教學（手縫或機縫）□實用雜貨製作法（購物袋、包包等）□拼布創意　□羊毛氈　□其他
Q6您對本書有什麼建議呢？＿＿＿＿＿＿＿＿＿＿＿＿＿＿＿＿＿＿＿＿＿＿＿＿＿＿＿＿＿＿

備註：
1. 得獎名單將於2012年11月15日公告於愛生活手記官方部落格：http://mylifestyle.pixnet.net/blog。得獎者將以電話與E-mail通知。
2. 獎品價值超過NT$20,000以上，依國稅局規定須繳交10%稅金。
3. 限中獎者使用，獎品不得折限或其他產品。
4. 如有未竟事宜，以愛生活手記官方部落格公告之訊息為準。
5. 麥浩斯出版社享有本活動最終解釋權。

拼布學習護照

學員姓名：
修業期間： 年 月 日起至 年 月 日

Straight直線拼接圖型

技法重點：

Square四角拼接圖型

技法重點：

Paper or Foundation Piecing翻車技法圖形

技法重點：

Triangle三角形拼接圖型

技法重點：

Hexagon六角形拼接圖型

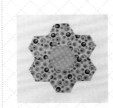

技法重點：

學習筆記：

學習筆記：

學習筆記：

學習筆記：

學習筆記：

學習筆記：

請延虛線剪開

Parallelogram平行四邊形拼接圖型

技法重點：

綜合運用

技法重點：

『Sampler Quilt初級課程』
學費優惠$1000

◎ 學費以台灣拼布網官網（http://www.quiltwork.com.tw）公佈為準。

◎ 可學習6個Pattern的機縫拼布做法，並完成一件Sampler Quilt。

Square四角拼接圖型
應用作品A愛心抱枕

◎ 研習優惠券$200
◎ 學費以台灣拼布網官網（http://www.quiltwork.com.tw）公佈為準。

Square四角拼接圖型
應用作品B九宮格圓珠口金包

◎ 研習優惠券$200
◎ 學費以台灣拼布網官網（http://www.quiltwork.com.tw）公佈為準。

Paper or Foundation Piecing
翻車技法圖形
應用作品A小木屋手機袋

◎ 研習優惠券$200
◎ 學費以台灣拼布網官網（http://www.quiltwork.com.tw）公佈為準。

Paper or Foundation Piecing
翻車技法圖形
應用作品B瘋狂拼布相機包

◎ 研習優惠券$200
◎ 學費以台灣拼布網官網（http://www.quiltwork.com.tw）公佈為準。

Straight直線拼接圖型
應用作品A風車托特包

◎ 研習優惠券$200
◎ 學費以台灣拼布網官網（http://www.quiltwork.com.tw）公佈為準。

Straight直線拼接圖型
應用作品B步步高昇長夾

◎ 研習優惠券$200
◎ 學費以台灣拼布網官網（http://www.quiltwork.com.tw）公佈為準。

Triangle三角形拼接圖型
應用作品A3C收納袋

◎ 研習優惠券$200
◎ 學費以台灣拼布網官網（http://www.quiltwork.com.tw）公佈為準。

Triangle三角形拼接圖型
應用作品B酒瓶袋

◎ 研習優惠券$200
◎ 學費以台灣拼布網官網（http://www.quiltwork.com.tw）公佈為準。

Hexagon六角形拼接圖型
應用作品A六角花園小提袋

◎ 研習優惠券$200
◎ 學費以台灣拼布網官網（http://www.quiltwork.com.tw）公佈為準。

Hexagon六角形拼接圖型
應用作品B歐夏蕾斜背包

◎ 研習優惠券$200
◎ 學費以台灣拼布網官網（http://www.quiltwork.com.tw）公佈為準。

Parallelogram
平行四邊形拼接圖型
應用作品A星星室內拖鞋

◎ 研習優惠券$200
◎ 學費以台灣拼布網官網（http://www.quiltwork.com.tw）公佈為準。

Parallelogram
平行四邊形拼接圖型
應用作品B小蓋毯

◎ 研習優惠券$200
◎ 學費以台灣拼布網官網（http://www.quiltwork.com.tw）公佈為準。

綜合運用作品鄉村玫瑰桌旗

◎ 研習優惠券$200
◎ 學費以台灣拼布網官網（http://www.quiltwork.com.tw）公佈為準。

贈品卷

凡以「現金」購買QC1500、Brother NX-4507、QC-1000任一款縫紉機，即贈送「拼布專用-LED工作燈」一組（原價$2980）

◎使用期限：即日起~2013/8/31

台灣拼布網
揆特有限公司

台北市南港區忠孝東路六段 230 號 1F
TEL：（02）2654-8287　　FAX：（02）2654-8291
網站：http://www.quiltwork.com.tw
粉絲團：https://www.facebook.com/quiltwork
E-mail：service@quiltwork.com.tw
MSN：quilt-taiwan@hotmail.com

學習筆記：

學習筆記：

◎ 優惠券使用期限：
2012/9/1~2013/8/31。
◎ 修業期限：自上課日起計1個月。
◎ 本優惠券僅用在學費部份，上課所需耗材及工具都需於本教室另購。
◎ 上課前，請先預約確認保留座位。

◎ 優惠券使用期限：
2012/9/1~2013/8/31。
◎ 修業期限：自上課日起計1個月。
◎ 本優惠券僅用在學費部份，上課所需耗材及工具都需於本教室另購。
◎ 上課前，請先預約確認保留座位。

◎ 優惠券使用期限：2012/9/1~2013/8/31。

◎ 本優惠券僅用在學費部份，上課所需耗材及工具都需於本教室另購。

◎ 上課前，請先預約確認保留座位。

◎ 修業期限：自上課日起計6個月。

◎ 優惠券使用期限：
2012/9/1~2013/8/31。
◎ 修業期限：自上課日起計1個月。
◎ 本優惠券僅用在學費部份，上課所需耗材及工具都需於本教室另購。
◎ 上課前，請先預約確認保留座位。

◎ 優惠券使用期限：
2012/9/1~2013/8/31。
◎ 修業期限：自上課日起計1個月。
◎ 本優惠券僅用在學費部份，上課所需耗材及工具都需於本教室另購。
◎ 上課前，請先預約確認保留座位。

◎ 優惠券使用期限：
2012/9/1~2013/8/31。
◎ 修業期限：自上課日起計1個月。
◎ 本優惠券僅用在學費部份，上課所需耗材及工具都需於本教室另購。
◎ 上課前，請先預約確認保留座位。

◎ 優惠券使用期限：
2012/9/1~2013/8/31。
◎ 修業期限：自上課日起計1個月。
◎ 本優惠券僅用在學費部份，上課所需耗材及工具都需於本教室另購。
◎ 上課前，請先預約確認保留座位。

◎ 優惠券使用期限：
2012/9/1~2013/8/31。
◎ 修業期限：自上課日起計1個月。
◎ 本優惠券僅用在學費部份，上課所需耗材及工具都需於本教室另購。
◎ 上課前，請先預約確認保留座位。

◎ 優惠券使用期限：
2012/9/1~2013/8/31。
◎ 修業期限：自上課日起計1個月。
◎ 本優惠券僅用在學費部份，上課所需耗材及工具都需於本教室另購。
◎ 上課前，請先預約確認保留座位。

◎ 優惠券使用期限：
2012/9/1~2013/8/31。
◎ 修業期限：自上課日起計1個月。
◎ 本優惠券僅用在學費部份，上課所需耗材及工具都需於本教室另購。
◎ 上課前，請先預約確認保留座位。

◎ 優惠券使用期限：
2012/9/1~2013/8/31。
◎ 修業期限：自上課日起計1個月。
◎ 本優惠券僅用在學費部份，上課所需耗材及工具都需於本教室另購。
◎ 上課前，請先預約確認保留座位。

◎ 優惠券使用期限：
2012/9/1~2013/8/31。
◎ 修業期限：自上課日起計1個月。
◎ 本優惠券僅用在學費部份，上課所需耗材及工具都需於本教室另購。
◎ 上課前，請先預約確認保留座位。

◎ 購買時請撕下本券並寄回才生效，請寄至：台北市南港區忠孝東路六段230號1F 台灣拼布網 收
◎ 本贈品券與台灣拼布網官網公佈之縫紉機促銷優惠並不抵觸。
◎ 若贈品缺貨，台灣拼布網保留更換同等值商品之權利。

台灣拼布網
揆特有限公司

台北市南港區忠孝東路六段 230 號 1F
TEL：（02）2654-8287　FAX：（02）2654-8291
網站：http://www.quiltwork.com.tw
粉絲團：https://www.facebook.com/quiltwork
E-mail：service@quiltwork.com.tw
MSN：quilt-taiwan@hotmail.com

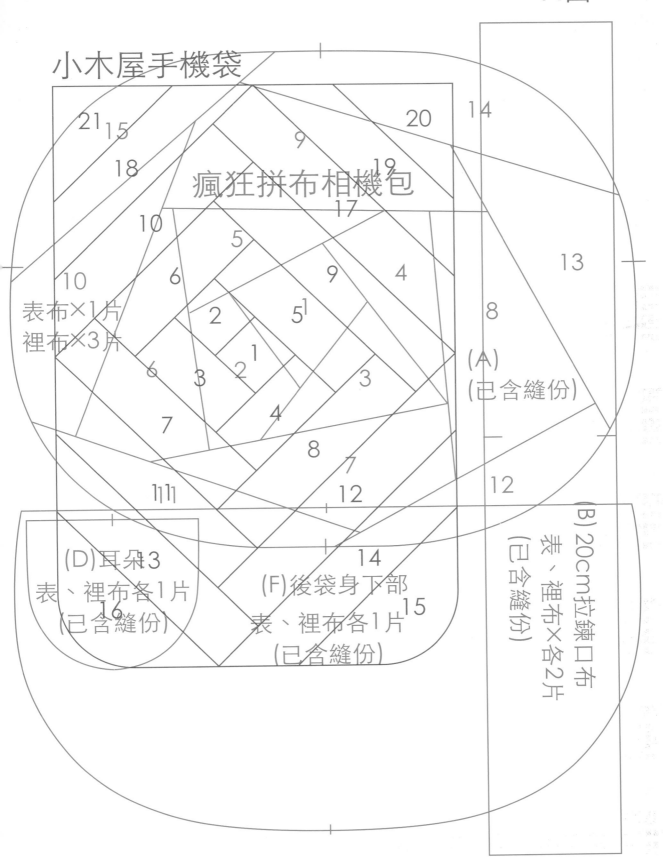

A面

小木屋手機袋

瘋狂拼布相機包

21 15

18

10

10

表布×1片
裡布×3片

5

6

2

1

6 3 2

7

4

11 11

(D)耳朵3
表、裡布各1片
(已含縫份)

16

9

17

19

5

9

4

9

3

8

7

12

14

(F)後袋身下部
表、裡布各1片
(已含縫份)

15

20

14

13

8

(A)
(已含縫份)

12

(B) 20cm拉鍊口布
表、裡布×各2片
(已含縫份)

小星星室內拖鞋

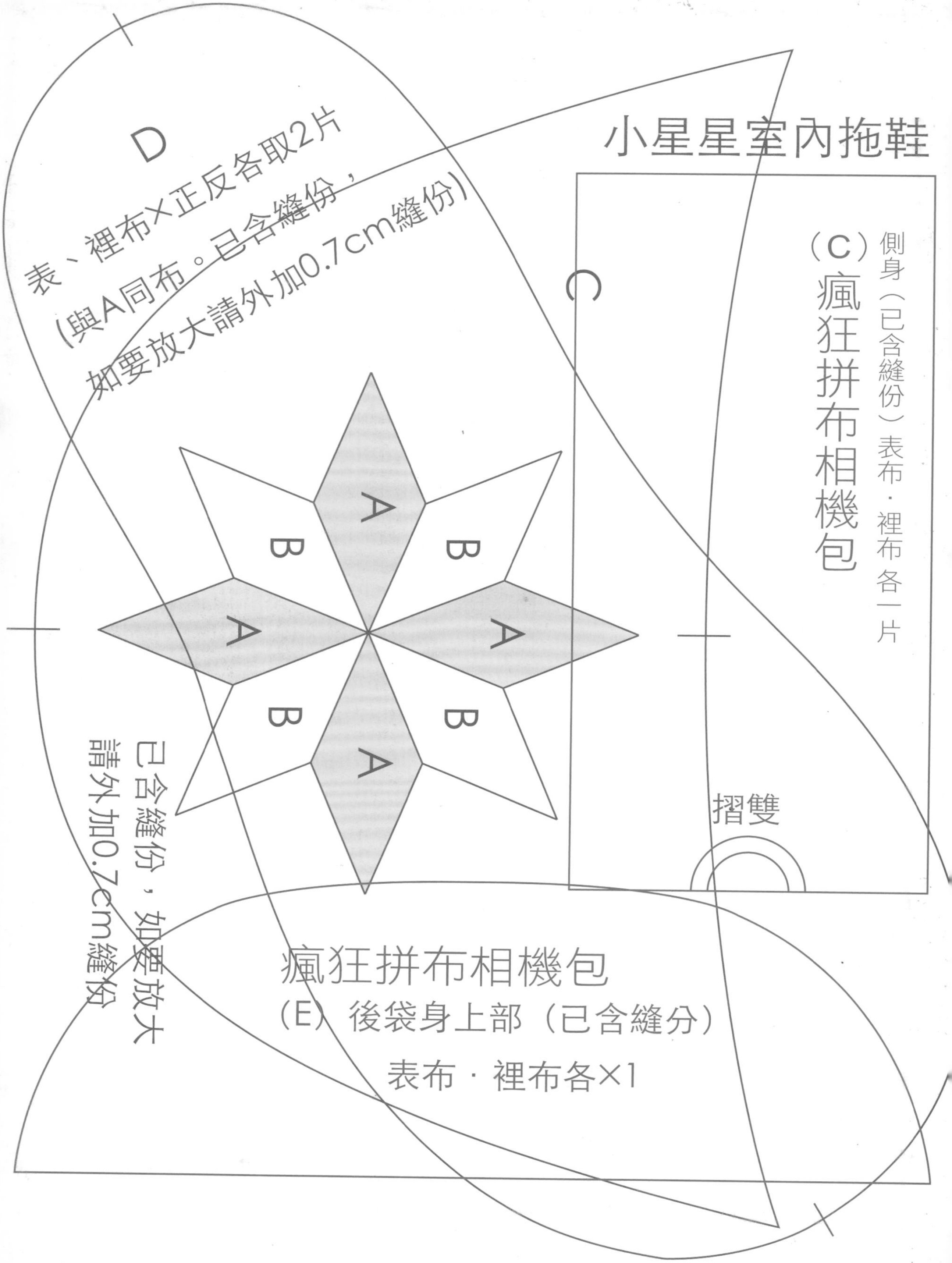

D

表、裡布×正反各取2片

（與A同布。已含縫份，

如要放大請外加0.7cm縫份）

C

（C）側身（已含縫份）表布‧裡布各一片

瘋狂拼布相機包

A

B

B

A

A

B

B

A

已含縫份，如要放大

請外加0.7cm縫份

摺雙

瘋狂拼布相機包

（E）後袋身上部（已含縫分）

表布‧裡布各×1